評伝

赤崎勇 その源流

議を言うな
嘘をつくな
弱いものをいじめるな

枚田 繁

南方新社

ブックデザイン　大森祐二

路のない高さに向かって踏みだしていく登山者の独断の背中には
祝福のザックがあり、
それには健康が詰まっている。

辻まこと

はじめに

赤崎勇さんと初めてお会いしたのは、２００５年2月8日（火）のことだ。温厚で知的な趣のある学者らしい風情、やさしげな目元とするどい眼光が印象的だった。

そのひと月ほど前、1月2日付のノートに私は企画のメモを記していた。

○科学・研究史の俎上にのせる
○理論と実際……近似値……リアル
科学はできることから片づけてきた。理論どおりにいくもの、いかないもの。
曜変天目……

初めて出会う専門用語に苦労しながらも、かくしてその年の秋『青色発光ダイオード開発物語～赤﨑勇 その人と仕事～』という44分の映像が完成した。（サイエンスチャンネルで放送ずみ。現在も視聴可能）

赤﨑勇さんはその著書で、旧制中学校時代に受けた教育がその後の精神形成に大きく影響を与えていると書いている。郷里・薩摩の郷中《ごじゅう》教育のことである。一番に「議を言うな」を挙げている。理屈が行いより前に出てはいけない、という戒めである。科学の分野に置いてみるならば、実験重視の考えにつながる。

二番目は「嘘をつくな」である。モノやデータや「実」や「行」をして言わしめよ、と読める。

三番目は「弱いものをいじめるな」である。人を制してことに当たるのを潔しとしない、とも読めるし、衆を恃《たの》んでことを為すことへの警鐘とも読める。

本書では、赤﨑勇の人と仕事の源流をたどりたいと思う。

「源流」とは、こんな譬《たと》えができるかもしれない。

赤崎勇は、そこで渦に遭ってもイカダを操りつづける学者である。ときどき乗り降りする乗合の人は瀞《とろ》では漕ぎ手役になったり、緩みかけた材の縄を結び直したり、暗い水面に明かりを灯す人であったりする。

森で木を伐る赤崎もいる。

その木を育ててくれた土や水、そして陽の光。嵐もある。

木とイカダと人びとと一緒に、川を下って行ったり近づいたり、止まったりする、鳥もいる。

この鳥はイカダをながめながら歩くこともある。昭和という川の川端のくねくねした道沿いに、自分の残してきた映像を呼び起こしながら。

生きた時代は縁を生む。それが生きる時代の縁だったのだ。一蓮托生の縁なのだ。そう私は思う。

第一章

戦時の世と少年・赤崎

その生い立ちと大龍小学校時代

知覧で生まれる

赤﨑勇は1929年（昭和4年）1月30日、鹿児島県川辺郡知覧《ちらん》町（現・南九州市）に生をうけた。父・直男《すぐお》、母・スミともに知覧の人である。4人きょうだいの二男（兄、妹、弟）。父方の祖先は島津家の分家のひとつ知覧島津家の流れをくむ薩摩藩士だそうで、母方のほうは茶農家である。

知覧と言えば知覧茶、そして知覧武家屋敷の

知覧武家屋敷の町並

町並みで有名である。その武家屋敷の庭は京都の庭を手本にしたと言われている。

また、知覧とは言わずと知れた旧陸軍飛行場があったところ、いや「陸軍特攻隊基地」のあったところだ。父の実家の屋敷は、その飛行場建設によって取り壊されてしまった。

赤﨑の父・直男（三男五女の三男だった）は知覧の県立薩南工業学校を出て会社勤めなどを経て、鹿児島市上町《かんまち》で仏具屋を営むことになる。そのあたりの事情はあまりつまびらかではない。

鹿児島市の北東部上町地区は薩摩藩時代、町人の住む地域だった。西郷隆盛、大久保利通など下級武士が多く住んでいた加治屋《かじや》地区とは、お城をはさんで逆の位置にある。

知覧特攻平和会館にある三角兵舎：特攻隊員たちが出撃するまでの間起居していた半地下式の兵舎内部

大龍小学校へ

小学校は近くの大龍《だいりゅう》小学校に通った。

大龍小学校のホームページに学校の由来が以下のように記されている。

――わたしたちの大龍小は、16世紀末薩摩・大隅・日向を統一した島津氏15代貴久、16代義久、18代家久が内城としたところであり、島津氏ゆかりの地にあります。城が城山城として建立・移転されたので大龍寺という寺を興し、250年続いた由緒あるところでもあります。明治の廃仏毀釈で廃寺になり、その跡地に大龍の名をいただいてできた学校で、今年で創立131周年になる古い歴史を持つ学校です。良き教育風土と昔から学校を大事にしてくださる熱心な地域・保護者の方々に支えられながら、「温故知新」「心を拓く教育」をすすめています。――

西郷隆盛が、生きている！

大久保利通もそこにいる！
いまも、生きている！
２人が没して１４０年近く経つというのに、今も生きつづけている。
そう筆者に思わせてしまうものが、ある。
それが、鹿児島、いや薩摩なのであろう。

大龍小学校のホームページから

赤崎勇少年がその大龍小学校に通いはじめた頃は、そうした風土はもっともっと濃密であった。少年の知らぬところのことであるが、その頃大陸ではすでに硝煙の臭いが立ち込めていた。１９３１年（昭和６年）、満州事変勃発、翌32年、満州国建設……中国への侵攻は拡大の一途をたどっていた。

少年時代の追憶で赤崎がよく語っているのは、「石」への興味である。

昔はそこらじゅうに、野山をかけめぐり、虫捕りに熱中し、海辺で磯遊びする少年少女たちがいたが、勇少年もそんな中にいた。ある日父親が買ってきてくれた鉱物標本が勇少年の「石」への興味をかきたてた。(そのことが後の〝半導体結晶作製〟につながっていくのかどうか、だれも知らない)

石はたしかに時間の縮尺を何ケタも変えさせてしまう。類人猿が百万年単位の話だとすると、橄欖岩《かんらんがん》で1000万年、頁岩《けつがん》なら一億~十億年単位の話になるだろうか。石はまた流転の経歴を内蔵している。地球の、大地の記憶を宿している。子どもは誰しもが博物学的な「世界への窓」をもっている。いつしかその窓は閉ざされてしまうのが多いが、赤崎少年が抱いた「石」への興味は、一生つづくことになる。

さて、小学生であった赤崎勇少年のことにもどろう。

世はすでに「戦時下」に入っていた。桜島が噴火を起こして4年目、南岳東斜面で噴火が始まった年はノモンハン事件が起こった年だ。大地の鳴動や咆哮ともいえる地震や火山の噴火は、人間のする戦争の最中だからといっておとなしくしていてはくれない。

それでも子どもには子どもの世界がある。「戦争」はまだ近くには来ていなかった。少年はすくすく育っていった。勉強もよくできた。当時、勉強がよくできた子はたいがい「一中」に進学したものだが、赤﨑少年は「二中」をあえて選んだ。なぜか。

「（進学を前にした）小学校6年生のとき、兄がその二中の敬天会で活動しているのがとても楽しそうで、自分もぜひ入りたいと思っていました」と自著『青い光に魅せられて』で語っている。親もとやかく言う人でなかった。

1941年（昭和16年）4月、赤﨑勇は鹿児島県立第二鹿児島中学校の門をくぐる。

うして博物学は次第に科学と入れ替わって行く。

　さてそこで、博物学と科学の境界がどこにあるのか？　理化学研究所の倉谷滋は「描画の解像度が、科学と博物学を分ける」と書く。顕微鏡と望遠鏡からはじまり、科学が微細なもの・より遠方のものを描写するようになった一方で、博物学の描写力は肉眼で見えるもの以上にはならない。せいぜい拡大鏡止まりである。牧野富太郎（1862 ～ 1957年）は採取した植物の絵に色を付けなかった、という。そこが、筆者が牧野を好きだと思うところだ。描写への欲望に関して、「科学ではない博物学の学者には節度があった」と思うのだ。

　科学がもたらすものに危機感をいだいた科学者もいた。哲学者バートランド・ラッセル（1872 ～ 1970年）とともに核兵器の廃絶や戦争の根絶、科学技術の平和利用などを訴えたアインシュタイン（1879 ～ 1955年）である。1955年のラッセル＝アインシュタイン宣言への賛同者も多く、2年後の1955年に開かれた第1回パグウォッシュ会議には湯川秀樹（1907 ～ 81年）、朝永振一郎（1906 ～ 79年）、小川岩雄（1921 ～ 2006年）も参加した。そこでは、すべての核兵器は絶対悪であるとされた。

博物学と科学

　虫や葉っぱや貝殻や石。少年たちはどうしてあんなに夢中になるのだろう。そしていつの間にか、彼の秘密のコレクションが押し入れ中を占領する。辻まこと（1913～1975年）も「子供らしい眼はどんなつまらないことのなかにも、つまらなくない世界を発見する……」と言うのだが、それは20世紀に生きた人の言葉である。

　19世紀のヨーロッパでは博物学が隆盛を極めていた。「ナチュラリスト」と呼ばれる博物学愛好者は、17世紀半ばの大航海時代に発見された珍しい動植物に好奇の目を輝かせ、それらの分類法として博物学が発達した。リンネ（1707～78年）は、動物界・植物界・鉱物界の全種についての目録作りを行った。辻まことの「子供らしい眼」を持ち続けた立派な大人もいたのだった。だが「子供らしい眼」を持った大人は、一方では植民地を開拓していった大人でもあったのである。「子供らしい眼」には見えるものと見ようとしないものがあったのである。

　そしてイギリスがヴィクトリア朝（1837～1901年）を迎える。この時代、イギリスの産業革命が大英帝国の絶頂期をもたらす。科学が今日あるような学問として成立したのは、この時代である。科学者が大学に職を得た。多くの専門の博物学者も生まれた。

　ダーウィン（1809～82年）の『種の起源』が発刊されたのは1859年である。進化論が登場したことで、動植物の分類法にもそれが適用され、博物学の分類法にも変化がおこる。分類法の変化は動植物に限らない。元素が発見され、ロシアの化学者メンデレーエフ（1834～1907年）による周期表が発表されると、鉱物を化学物質として見ることができるようになった。こ

県立第二鹿児島中学校へ進む

敬天会での活動

鹿児島県立甲南高校（旧・県立第二鹿児島中学校＝二中）のホームページによると、

——この地域は、古くは荒田と呼ばれるように田畑の多いところであった。藩政時代には甲突川の川外にあたり、禄高の低い武士の屋敷をはじめ約四百戸位の家があった。幕末の頃は、上之園・上荒田・高麗の三町を総称して三方限といい、有村雄助次左衛門兄弟・中原猶介・益満休之助らのように明治維新の変革に殉じた人をはじめ、幕末維新に活躍した多くの志士を輩出したという誇りを持っている。それらの人々のことは「三方限出身名士顕彰碑」として、この地域の人々によって建設されている。この地域に明治末年に県立第二鹿児島中学校が建てられ、高麗町本通りから谷山街道を結ぶ「二中通り」がこの地域の親しい呼び名となった。

終戦後学制改革によって、二中は甲南高等学校と改まり、甲南中学校も建てられた。校名の由来は、甲突川の南にあたり、かつ西郷南洲・大久保甲東を輩出している由緒ある地域であることから甲南の名を用いた。以後このあたりは甲南地域と呼ばれるようになった。

――

調べてみると、学校に冠した「甲南」という名前の由来について諸説が飛び交っている。鹿児島というところ、土地柄、こと西郷、大久保がからんでくると議論が尽きない。

坂本龍馬をして「なるほど西郷というやつは、わからぬやつだ。少しく叩けば少しく響き、大きく叩けば大きく響く。もし馬鹿なら大きな馬鹿で、利口なら大きな利口だろう」と言わしめた西郷隆盛は、こんにちでも鹿児島で絶大な人気である。内村鑑三の『代表的日本人』では、5人挙がったうちの一番目が西郷隆盛である。その西郷が晩年残したのが「敬天愛人」という言葉である。それが140年後の大龍小学校のホームページにも掲載され

1940年頃の小学校行事の記録写真　上から：報国農場への勤労奉仕　薙刀訓練　清掃活動　紀元2600年の奉祝人文字

ていることは先に見た。赤﨑が小学6年生の頃楽しそうに活動する兄の姿を見て「二中に行きたい」と思った団体も、その名に西郷の「敬天」を戴いている。鹿児島はずっと薩摩でありつづけている。

ところで大久保利通のほうだが、筆者は、技術史家・中岡哲郎の書『日本近代技術の形成』（2006年）に蒙を啓かれた思いがある。大久保の手による1876年（明治9年）12月の「行政改革建言書」など、堂々たる文章で迫力に満ちていて、その内容たるや国家経営という観点で見ればそのまま現代にも通用することばかりだ。大久保利通は、もっときちんと評価しなければならない人物に思える。

それは、ともかく。1941年（昭和16年）4月、赤﨑勇は二中の門をくぐる。この年の12月8日、日本はハワイの真珠湾にある米軍基地を奇襲攻撃しアメリカとの全面戦争に突入していくことになるが、そんな計画が進んでいたことなど12歳の赤﨑は知る由もない。ただ、赤﨑が小学生であったこの6年間の成長の間に、遠くで起きている「戦争の響き」はどんどん赤﨑の身近なところまで近づいていたはずだし、そもそも成長期の少年の目や耳や想像力は、大人が思う以上により広く世界に向けて開かれているものである。

「敬天会」は少年団のようなところで、島津藩時代の「郷中《ごじゅう》」由来の「郷中教育」の一環だったように思える、と赤﨑は自著で回想している。

敬天会で赤﨑は、「毎日曜日の早朝、西郷墓地や南洲神社の境内を清掃し、国旗を孟宗竹の高い柱に掲揚し、桜島に臨み浩然之気《こうぜんのき》を養い、心身を正すことを日課としていました」（前掲書）と話している。

そこから赤﨑は、「議を言うな」「嘘をつくな」「弱いものをいじめるな」という自分の精神の支柱となることを学んだ、と語っている。本書がそういう赤﨑の一生を貫く行動規範（という確認はとれてはいないが）に即して、「議を言うな」以下を掲げたのも、そういう理由による。

筆者は赤﨑の「源流」をたどろうとしているからだ。

鹿児島二中時代の赤﨑

強まる軍事色

心身の鍛錬のため山や海辺へキャンプに出かけるなど、楽しい中学生（現在の高校生）生活も、戦況悪化でままならぬものになっていく。赤﨑の自著からそのあたりを引いてみると、

・教練の時間だけでなく体育の時間もほとんど軍事教練に
・3年生になると、雨の日も三八銃を担いで郊外の丘で訓練に
・軍需工場や農村への勤労動員に
・学徒動員に駆り出され、鹿屋の海軍航空隊へ飛行機の掩体壕《えんたいごう》造りに。モッコかついで泥んこになって土嚢を積む毎日

といったありさまだ。

肝心の授業は週に1、2回程度、1945年（昭和20年）4月には、一中も二中も4年生全員が長崎県佐世保にある海軍工廠に動員されるまでになった。赤﨑はそこで、特殊潜航艇などの部品をフライス盤で作っていたという。まさに〝一億火の玉〟の国民総動員体

制になっていた。

赤﨑によれば、将来の幹部養育のためということで、海軍兵学校や陸軍士官学校では数学や英語など基礎科目を重視し、体力をつけるための食事も十分だったようだが、動員学生の食糧事情は劣悪で、授業はなく読書もままならない状態だった。赤﨑は「甲板学徒」という二中学生の責任者であったため、同級生がしでかした些細な風紀違反の責めを負って下士官からビンタを食らうこともままあった、という。

戦争の真っ只中で

赤﨑が二中に在籍していた１９４１年（昭和16年）から１９４５年（昭和20年）８月15日までの間は、旧制中学生も巻き込んで国民全体が戦争の真っ只中にあった。

さらに言えば、日本という国は、１９４１年12月8日から１９４５年8月15日までの3年8カ月の間だけ戦争をしていたわけではない。１９３１年の満州事変からずっとひと続きの戦争をやっていたと見る「15年戦争観」(鶴見俊輔など)を筆者も支持する。

　そのように先の戦争の「戦争の期間」を延ばして見る見方をすれば、赤崎勇の幼少年期は、日本という国がずっと戦争をしていた時代だった。

郷中教育《ごじゅう》

白洲正子はその自伝を元薩摩藩士・元海軍大将の祖父樺山資紀（1837 ～ 1922年）の思い出から書き始めている。樺山を通して、惰弱に流れることを最も恥ずべきこととした薩摩士族の幕末維新期のころの所作や精神の型を彫りだそうとしている。そうした祖父の精神形成に決定的だったものとして「郷中」を挙げる。

薩摩藩には「郷中」といって、区域ごとに備えられた青少年の教育機関が存在した。藩士の子弟は6 ～ 8歳の頃に稚児《ちご》として郷中に加わり、20歳前後で兵子二才《へこにせ》の時期が終わるまで、厳しく文武の道を体得させられたのである。

郷中とは、もともとは「方限《ほうぎり》」と呼ばれる区割りのこと。その「方限」を単位とする薩摩独特の自治組織が作られ、城下には数十戸を単位として、およそ30の郷中があったといわれている。そのいわば少年部の自治自習教育機関・機能のことをのちに「郷中教育」というようになった、と考えられる。

この郷中教育は少年団のような集団の中で行われ、決まった学校もなく、教師もいない。すこし年齢の上の者、全体のリーダーがいるだけの独特の教育を行った。藩士の子弟たちは、朝、示現流《じげんりゅう》の剣術の稽古を済ませると集合し、侍屋敷や寺を借り受けてそこを即席の教場にして集団学習を行う。「詮議」（今でいうケーススタディ）を重んじていたことは、危機に直面した時の薩摩武士の行動の早さになって現れていた、といわれる。知識を授けるよりは、判断力を養成することを主眼としていたのである。維新後もその伝統は受け継がれていき、赤﨑の少年時代の精神形成にも強く影響を与えているが、現代に適用する際の問題点も多々指摘されている。

小説、映画「海軍」

小説「海軍」は、獅子文六（1893 ～ 1969年）が本名の岩田豊雄名で執筆した長篇で、1942年、『朝日新聞』に連載された。日米開戦のハワイ真珠湾攻撃で撃沈された特殊潜航艇5艇の乗組員は「九軍神」として讃えられたが、その一人の海軍中尉（死後少佐に特進）をモデルとして、彼をめぐる家族・恩師・親友などの人間関係を描いた小説である。この主人公が赤崎の母校、二中の卒業生・横山正治（1936年卒）だった。

岩田豊雄は主人公を神格化することなく人間味溢れる薩摩人として描き、また海軍がいかにして軍人を育んだか、を作家としての関心事としている。それは、明治以後（別の言い方をするならば西郷隆盛以後）の日本の伝統的な精神の形成のされ方を追求したものだったともいえる。

赤崎の精神形成の風土は、それと同一のものだったわけである。

この「海軍」は、戦中の1943年（昭和18年）と戦後の1963年（昭和38年、このときの主演は北大路欣也）の二度にわたって映画化されている。

赤﨑の空襲体験

「戦場」と化した鹿児島

１９４５年（昭和20年）３月から、米軍による本土への空襲は激しさを増していったが、沖縄への米軍上陸以降、鹿児島は次の上陸地点とされていたため、単なる補給地、後背地ではなくなり「戦場」と化した。さらに、特攻機が鹿児島から飛び立っており、特攻基地は鹿児島にしかなかったので、米軍の鹿児島市への攻撃は他の地方都市とは比較にならない激しさであった。市が直接の攻撃目標となったのは前後８回の空襲であるが、鹿児島市は、九州全域への攻撃のための米軍の通過地点にあたっていたので、機影を見ない日はほとんどないという状況だった。（35頁図１―１）

付記しておくと、これらのことは、戦後、米軍資料などによって私たち国民が初めて知ることになったものだ。

鹿児島大空襲の夜

1945年（昭和20年）6月17日、鹿児島に大空襲があった。佐世保海軍工廠に動員中の赤崎はその日、偶然にも鹿児島市内へ帰郷していて、所用を済ませた後、城山への上り口にある親友の増光基仁君の両親にあいさつに出向き、そのまま泊めてもらうことになった。増光君は留守だった。

――夜11時頃だったでしょうか。突然、サーッと雨の降るような音がしました。（略）その直後、曳光弾《えいこう》が、月夜より明るく、周囲を煌々《こうこう》と照らし出していたことを、はっきりと覚えています。

次の瞬間、轟音《ごうおん》とともに、増満君の家の中にも焼夷弾が落ちてきました。私の寝巻にも火がつきかけて、急いで防火用の水で火を消しました。気がつくと、家の中にも、あちこち焼夷弾が刺さって燃えているのです。とにかく一刻も早く火を消さなければと、増満君

戦災以前の鹿児島市

戦災後の鹿児島市

のお父さんと弟の健次郎君と私の、男三人で必死になって濡らした衣類をたたきつけて、家の中と牛舎の火を消して回りました。（略）こうして、なんとか彼の家と牛舎は全焼を免れたのです。付近で全焼を免れたのは、増満君の家だけでした。（『青い光に魅せられて』より）――

実家へ帰ってみると、家は跡形もなく焼け落ちていた。

赤崎が熊本の第六師団司令部で陸軍航空士官学校の試験を受けさせられて（当時、軍の命令は絶対だった）、試験会場の鹿児島にたどり着いた6月17日は、まさに鹿児島大空襲の日だった（「6・17空襲」）。百数十機にのぼる大編隊の米軍機は、それまでの爆弾攻撃を変更して、深夜に全市を焼き払う焼夷弾作戦をとったのである。米軍機は1時間以上にわたって波状的に焼夷弾投下を繰り返し、わずかの間に鹿児島市内は火の海と化した。

1945年3月18日から8月6日までの前後8回にわたる空襲（沖縄陥落後はB29の編隊による空襲）で鹿児島市が受けた被害は、死者3329人、負傷者4633人、行方不明35人、その他10万7388人、合計11万5385人に達した。その総数は昭和20年初期の疎開後の人口17万5000人に対し66％であった。建物の罹災戸数、全焼2万4977戸、半焼169戸、全壊655戸、半壊640戸、計2万1961戸で、全戸数3万8760戸に対し57％だった。全市は文字どおり灰燼に帰し、市街地の約93％、327万坪（1079万平方メートル）を焼失したのである（図1―1）。

それからしばらくのちのある日、灰燼に帰した鹿児島の焼け野原を赤﨑が一人歩いていて、命びろいをした体験がある。急降下してきたグラマン戦闘機に機銃掃射を受けたのである。別の日には、やはり一人で歩いているとき、近づいてきた爆音に（危ない！）と路肩に身を伏せた瞬間、すぐ近くでパッと砂ぼこりが立った、というような体験もしている。「その際に見たパイロットの姿が、今でも脳裏に焼き付いています」。このように、戦時中は国内にいても生きていくのが大変な、ひどい時代だった。

赤﨑は語る。

――尊い一命を捧げた方、あるいは最愛の肉親を失った方も少なくありません。どんな

図1-1 鹿児島市が受けた空襲被害

空襲回数	空襲年月日	時刻	罹災状況			死者	傷者	被爆種別
			被災場所	罹災人口	罹災戸数			
1	3月18日	7時50分	郡元町海軍航空隊			6名	59名	艦載機40機
2	4月8日	10時30分	田上町、下荒田町、平之町、加治屋町、東千石町、西千石町、新照院町	12，372人	2，593戸	587名	424名	大型爆弾250kg 約60個
3	4月21日	8時00分	長田町、山下町、東千石町、山之口町、樋之口町、平之町、城山トンネル入口付近	4，548人	878戸			B29時限爆弾
4	5月12日	20時00分	港湾地帯	67人	18戸			不明
5	6月17日	23時05分	市内一円	66，134人	11，649戸	2，316名	3，500名	焼夷弾
6	7月27日	11時50分	鹿児島駅、春日町、恵美須町、柳町、和泉屋町	8，905人	1，783戸	420名	650名	ロッキード爆弾
7	7月31日	11時30分	鹿児島駅付近、清水町、池之上町、上竜尾町、下竜尾町一帯	16，542人	3，251戸			ロッキード爆弾
8	8月6日	12時30分	上荒田町、原良町、薬師町、伊敷村一帯	6，817人	1，789戸			不明
計				115，385人	21，961戸	3，329名	4，633名	

※空襲年月日は、いずれも昭和20（1945）年である。

出典：総務省ホームページ　(http://www.soumu.go.jp/main_sosiki/daijinkanbou/sensai/situation/state/kyushu_11.html)

事情があっても、戦争は絶対にしてはいけません。それが、戦中派・焼け跡派である私の心からの願いです。（前掲書）――

仕事以外のことをあまり語らぬ大学者の、はらわたから出てくることばである。

8月15日

8月15日を赤﨑は疎開先（上町から15キロほど離れた山の中）で迎えた。あれだけの空襲を受けたのに、通っていた二中はなぜか爆撃は免れていた。1930年（昭和5年）に建てられた鉄筋コンクリート3階建ての立派な建物だったので、米軍がわざと爆撃しなかったらしい。実際、のちに進駐軍に接収されることになる。鹿児島二中は伊敷の旧陸軍の練兵場跡地の兵舎へ強制移転させられた。

赤﨑は、疎開先から伊敷まで片道2時間半の道のりを歩いて通うことになる。15キロを2時間半。相当な早足だ。このとき赤﨑16歳。いまの高校2年生の年頃である。「家に帰っても電灯はなく、唯一、両親がどこからか調達してきた魚油ランプひとつを頼りに、薄暗い中、友人や知人から借りてきた本をむさぼるように読んだのを覚えています。ひどい食糧難でしたが、むしろ『文字』への渇望を強く感じました」（前掲書）

そうした息子を、何言うでもなく見守ってくれた両親への感謝を、赤崎はいまでも忘れてはいない。

ところで赤崎は、戦争に負けたことにさほどのショックは受けなかった。戦況の厳しさも動員先の佐世保海軍工廠で可愛がってもらっていた技術士官（おそらく大学生）からの話で感じ取れていたこともある。「戦争が終わったときは、正直、ホッとした」のである。

１９４６年（昭和21年）に入り、しばらく鳴りをひそめていた桜島が爆発を繰り返すようになった。３月には火口から溶岩流が流れ出し、鍋山付近で南北に分流し、北側は黒神地区の集落を埋めつつ、４月には海岸に達した。南側は有村地区を通過し、５月に海岸に達した。噴火は11月まで連続して起き、大量の火山灰を噴出した。噴出物総量１億立方メートル、死者1名を出している。
この年の4月、赤崎勇はあこがれの七高（理科甲類。現在の鹿児島大学）生となった。

第二章

飢えと青春

第七高等学校時代の青春

復活第一回対五高野球戦

城山の麓の鶴丸城址にあった七高は4月21日の爆撃で東寮が倒壊、つづく6月17日の大空襲で本館を残しほとんどが焼失した。そして迎えた8月15日。

学校は再開したが、勤労動員から解除された上級生たちはしばらくの間そのまま郷里で待機の状態に。授業再開は翌1946年1月からになり、全国に散っていた学生は出水の小学校の仮校舎に

鶴丸城址

集められた。仮校舎はまもなく出水の旧海軍第二航空隊跡に移転する。
赤﨑ら4月に入学した新入生は、まだ待機の状態がつづいた。

そんな中、7月14日、熊本の五高武夫原で「復活第一回対五高野球戦」が開催された。センター8番で出場した芹沢昭(昭23理8組)が17年後に書いた回想記は、敗戦後当時の七高生たちの雰囲気を鮮やかに伝えている。(以下、第七高等学校造士館資料HPによる)

——野球部員は二日前から熊本市に住居をもたれていた郡延夫主将(昭22理甲4組)のお宅に陣取り、御家族を一室に追い込み、各部屋を占領、合宿中は口にしたこともない銀飯や、終戦後の粗食とは縁遠い山海の珍味で試合への精力をつけさせて頂いたことは忘れられない追憶であり、今紙面をかりて主将の御家族に感謝の言葉を申さねばならない。

水前寺グラウンドで練習に時を惜しむ頃、五高軍のスパイが現れたという情報がもたらされた。五高の先発投手は浅田か、上田か、などと七高軍のマネージャー田中昭義先輩(昭22理甲5組)、光延久吉先輩(昭22理甲2組)、前園健一君(昭23理4組)の目も武夫原のネット裏に光っていた。

マネージャーの陰ながらの苦労談と言えば、合宿における餌集めにあった。高尾野の集会所がねぐらであった。選手が汗だくで練習の間、マネージャーは出水地方独特の長い柄の一本ある大八車で、唐芋、ふすま、野菜の購入に奔走されていた。米、麦はまだ自由販売ではなかった。フスマのだんごに混ぜられたメリケン粉が多い日は、みな御機嫌であった。どこまでが主食で、どこまでがおかずか区別のつかない芋ダゴ汁も続いた。しかし、マネージャーの苦労作とあれば誰一人文句を言うものはなかった。尾籠な話であるが、集会所の便壺はフスマ不消化のまま堆積し、鶏族の糞そのままであった。

その中で、山田専一マネージャー（昭22理甲5組）はフスマのだんごに食紅をぬって食膳を明るくしてくれた一流のコックさんであった。鶏肉や卵は乏しい部費ではなかなか買えなかった。練習で汗をかく体に塩分の補給は必須だった。岩塩がダゴ汁の底にとけていないことも多かった。砂糖はなかった。唐芋の甘みで満足していた。蛋白質の補給に、集会所周辺の藪に棲息する烏蛇や青大将の黒焼きがさかんに用いられた。

風呂焚きに部生活を捧げられた武原安行（昭25理5組）、田ノ下義明（昭23文甲2組）両君も忘れてはならない。田ノ下君は出水郡野田町の出身だった。時折帰宅して持参されたメリケン粉の多い蒸し饅頭を口にする時は、誰からともなく「我等勝つべく北へ行く」が口遊《くちづさ》まれた。

買い出しの大八車がグラウンド脇を通る頃、選手は車にマネージャーはユニフォームに視線を交しながら「頑張っちこー」を連発し、これが遙かに流れる北辰寮の寮歌とうまくマッチした。物資のない合宿生活。七高の部活動の歴史の中で最も苦労したが最も楽しかったと言えるかも知れない。北辰寮の総務、仁科文吾（昭23文乙）が学生大会で高唱された言葉、「分かち合いと触れ合い」の生活、まさにその通りだった。――

芹沢氏の回想記は、フィリピンで米軍の捕虜となった体験を書き綴った小松真一の『虜人日記』（ちくま学芸文庫）と同種の、〝理系〟の人ならではの目や精神に通じるものを感じる。

それはともかく、復活第一回対五高野球戦は、11対12で七高の敗北。「炎天下死闘四時間、両軍とも無我夢中、最後は気力の闘いであったが遂に我に利あらず、七高軍は敗れ去った」（同ＨＰ郡延夫の手記）。

闘いすんで大勢の部員が健康を害し、中には休学の羽目に陥った者も出た。その多くが肋膜炎（結核による）を発病していたのである。

鶴丸城址への帰還を果たす

11月末ようやく、赤﨑ら七高新入生は授業を受けられるようになった。

旧制高校には寮が併設されていた。イギリスのパブリックスクールに似てはいるが、あちらは貴族社会をバックグラウンドにもつ私立の学校、こちらは純然たる官立である。全国から出身を問わず優れた人材を選抜し育てるという明治日本のリーダーたちが中国の科挙の考えを取り入れてつくったものである。

赤﨑は自動的に七高寮生となった。

寮の食事も貧相なものだった。葛を溶いた汁にご飯粒が浮いたお粥が主食で、寮生たちはこれを「カエルの卵」と呼んでいた。

赤﨑は寮の食糧委員として、よくイモの買い出しに遠くまで行ったことを覚えている。田舎の農家を訪ねてマントや袴、羽織などと食糧を物々交換するのである。そのマントなどは皆の共有物で、「自分の物は人の物、人の物は自分の物」といった具合である。

公式校務記録（同ＨＰ）を読むと、

・学校施設の不備・食糧事情・宿舎事情・停電などが勉学の支障となった。（46年5月）
・この頃、総務、農耕委員は、サツマイモ作りのための肥料入手に腐心。クラス別有志が日本窒素水俣工場で硫安の梱包・運搬作業に従事し、１人当たり２ｋｇの硫安を入手する。（６月）
・文科・理科2年が校内農作業。１クラス当たり３００坪。馬術部の馬で馬耕し、自然科学部のトラックが活躍。（６月）
・本日（３日）より、全校を挙げて本格的農作業開始。（７月）
・設備不全の教室、寮、停電に北薩の冬寒し。（12月）

教職員も学生も一丸となって飢えに立ち向かっている様子がありありと見える。赤﨑もそのなかにいた。

鶴丸城址への帰還の取り組みも進んでいた。

11月には鹿児島市復帰をめぐって教官会議で熱心な議論がはじまり、教官・学生10人からなる委員会が発足した。これより以前から同窓生有志による協議ははじまっており、同窓生・及び学生父兄からなる復興後援会もつくられ活動を開始していた。

赤﨑らも演劇集団をつくり、ゴーリキーの「どん底」の公演を行ったり、著名な音楽家を招いて演奏会を開くなどして、復興資金を集めるための活動を行った。

こうして、学生が中心となって集めた資金をもって文部省(現・文部科学省)にかけあい、赤﨑らが2年生のときにすべての仮校舎の建設を終えることができたのである。

赤﨑の七高時代の思い出は寮生活に集中している。寮は学生の自治寮。同じ部屋には2年生1人と1年生3人の4人暮らし。赤﨑は最年少だった。翌1947年4月、3年生と文科2年生が出水を離れ鹿児島市内へもどり、寮には赤﨑ら理科2年生と新しく入学してきた1年生だけになった。「寮の先輩から、岩波などの文庫本をひと月に3冊、年に30冊は読め、などと言われて、勉強そっちのけで乱読していました」（前掲書）。

結局、赤崎らが鶴丸城址に帰ることができたのは1948年の夏だった。物もなく不自由で、3年間のうち正味2年間ほどの授業しか受けられなかったが、赤崎にとっては充実した旧制高校生生活であった。

第七高等学校校舎

戦災に遭う前の旧制七高生の学業生活が偲ばれる写真
その１磯浜での寮対抗競漕大会（1941年）

出典:武藤誠さん(1943年文１卒)の写真[第七高等学校同窓会・鹿児島大学理学部同窓会管理]

上：鶴丸城正門前の橋を出発する東寮選手団・応援団
中右：磯海岸に到着した東寮選手団・応援団
中左：磯海岸のボート。応援団も海に入って選手を応援
下：ボートレース後のファイヤーストーム

その２寮生活ほか（1941年）

出典:武藤誠さん(1943年文１卒)の写真[第七高等学校同窓会・鹿児島大学理学部同窓会管理]

上：東寮の展示
中右：東寮で読書する武藤さん
中左：七高造士館本館裏の通用口の黒板に記された 12 月 8 日の戦果速報。
下：東寮生の天文館ストーム

京都大学時代の青春

旧制最後の京大生

１９４９年４月、赤﨑勇は京都大学理学部（化学）に入学した。旧制最後の京大生である（京都帝国大学から京都大学に改称したのが１９４７年）。ちなみにこの年の７月には新制第１期生が京都大学に入学している。

赤﨑の化学科には33人。出身校は、三高、六高、七高、広工専、大阪、大工専、六高、京師、三高、大化工、佐賀、京工専、大専、〇工専、大阪、山

共同戦線の統一結成を促進

教育防衛週間を

昭和廿四年度 京都大学入学者一覧【下】

理学部

経済学部

学園新聞1949年4月19日入学者特集号。赤﨑勇の名前も見える

口、高知、三高、広島、姫路、大阪、三高、三高、広島、甲南、姫路、京臨教、富山、八高、京○、三高、彦根工、姫路。(○は判読不能)

記録を転記してみて、京都の三高からは意外と少なく全国の高校から学生が集まってきていることに気づく。この傾向は、他の学部でも同じである。

赤﨑勇が京都大学に入学した1949年(昭和24年)とはどんな時代だったのだろうか。敗戦によって日本中を襲った大混乱と経済不況、超インフレがまだつづいていた。消費者物価指数で見ると、1946年を100として、1947年は220、1948年は380、1949年は480(いずれも概数。『日本経済のトポス』より)という上昇ぶりである。なにしろ、敗戦によって日本は国土の4割、国富の3割を失っていた(図2―1、図2―2)。軍事産業やその関連は壊滅し、工場の生産設備も多大な被害を受けていた。そこへ復員兵と植民地からの引揚者600万人が新しい人口として加わったわけである。特に都市部では、食うや食わずの耐乏生活がつづいていた。

大学生はどうであったか。

ここに、当時の学園新聞（現・『京都大学新聞』）の１９４６年12月の学生アンケート調査報告記事がある（写真２―１）。１カ月の生活費は４００円〜５００円が最も多く、そのうち７割が食費に充てられている。この年、京都市電乗車賃は８円、コロッケ１個３〜５円、白米10キロ４４５円（これだけは１９４７年のデータ）、ビール１本１２６円50銭、

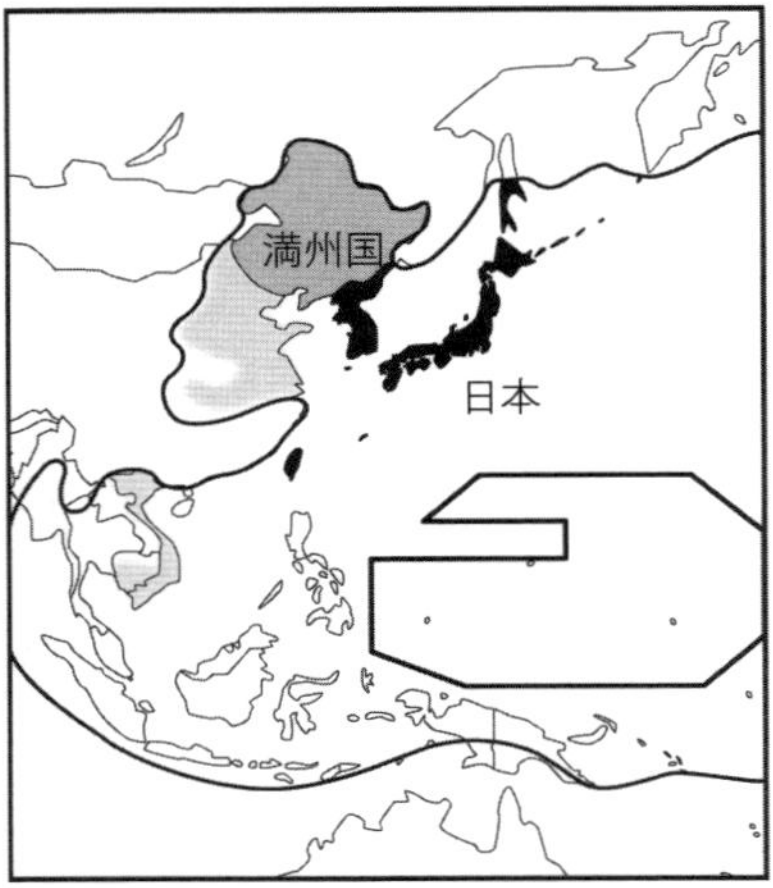

図2-1 1941年12月8日日米開戦時の日本領土と日本の勢力範囲、戦争中の日本軍の最大勢力範囲

図2-2 サンフランシスコ平和条約（1951年）による日本領土

巡査の初任給3772円、小学校の教員の初任給3991円であった。(『値段の風俗史』朝日新聞社)

敗戦によって破壊されたのは工場や住宅ばかりではなかった。戦前の価値観や権威が完全に崩壊し、世間を驚かせるような〝高学歴者の犯罪や事件〟が多発した。そうした犯罪や事件に当てられた言葉が「アプレゲール犯罪や事件※」である。

※アプレゲールとは戦後という意味のドイツ語。たとえば、犯人が東大生だった光クラブ事件(1949年)、大谷大学生による金閣寺放火事件(1950年)、日大職員の給料が強奪された日

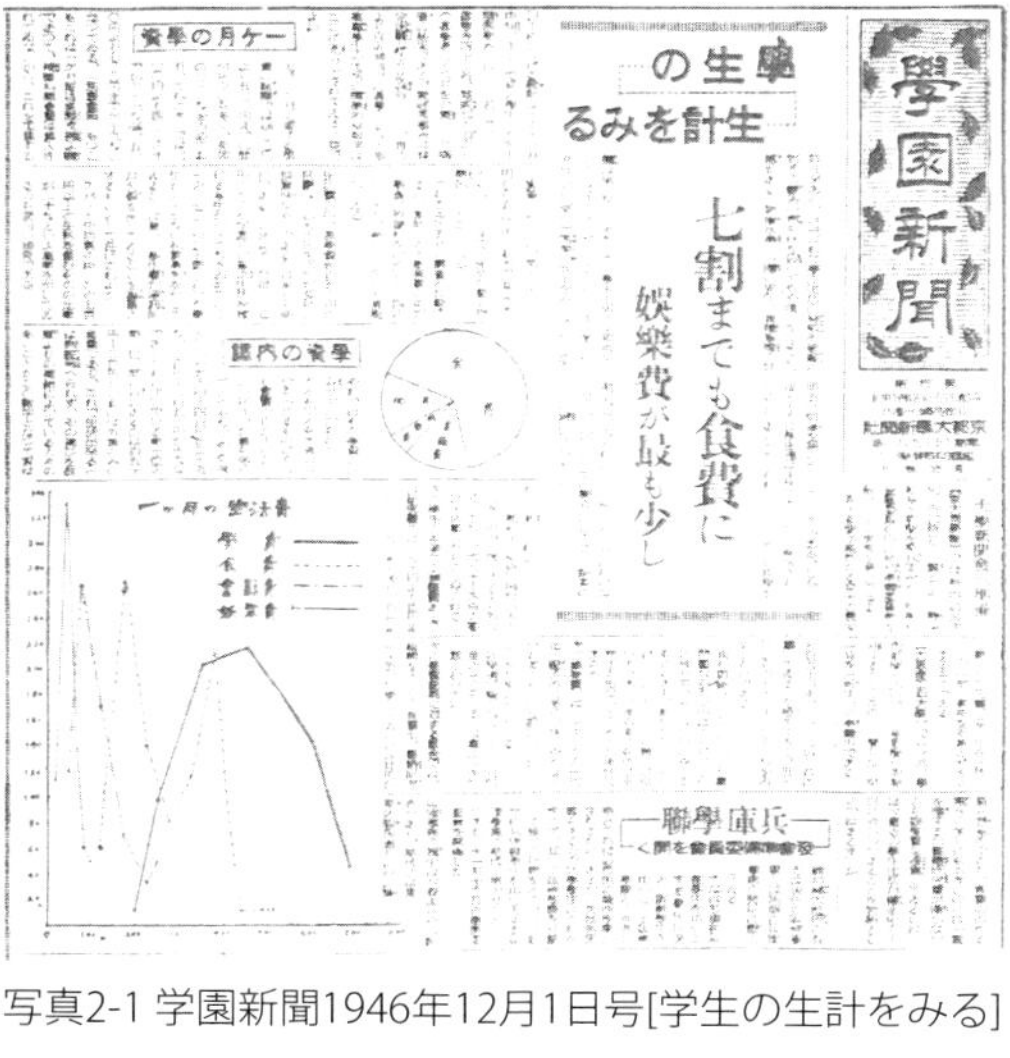

写真2-1 学園新聞1946年12月1日号[学生の生計をみる]

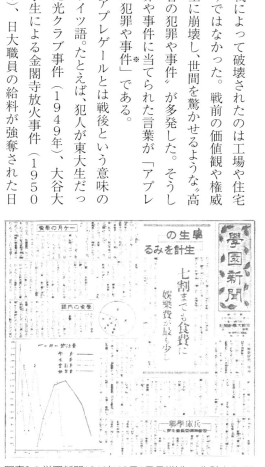

大ギャング事件（同年）、慶大卒の犯人によるバー・メッカ殺人事件（1953年）などが「アプレ犯罪（事件）」として報じられた。京都大学では、1948年、文学部の学生が同じ学部の女子学生（女子の1期生）を刺殺する事件が起きている。三島由紀夫はこの事件を題材に、短篇小説「親切な機械」を書いている。

京都大学の学風・校風の洗礼

赤﨑の回想からはあまり〝飢え〟の話は出てこない。入学式の日のことは鮮明に記憶されている。前掲書によれば、全学の式の後、先輩たちに連れられ銀閣寺から疏水沿いに哲学の道を南禅寺まで散策した。満開の桜の花の下を歩きながら先輩たちは誰彼となく「アルト・ハイデルベルク」を歌い始める。南禅寺に着いたところで、助手の山本勇麓《ゆうろく》（のち広島大学名誉教授）が「大学というところは、何かを教わるところではなく、将来、何かの問題にぶつかったときに、それをどうやって解決したらいいかということを自分でつかみとるところなんだよ」と語った、と。

これが赤﨑にとって〝大学生〟になったことの自覚をもたらした。初日にして赤﨑は、京都大学の独特な学風の洗礼を受けたのである。そしてその自覚は、その後親しくなった京都一中、三高出身の友人からの話でも強化され、一中、三高、京大に連なる自由闊達な気風として、感受されていくのである。意外に少なかった三高出身者（化学は33人中5人）であったが、京都大学の学風・校風形成に与えた影響力、感化力はとても大きいものがあったにちがいない。

赤﨑が入学した1949年は、湯川秀樹が日本人として初めてノーベル賞（物理学賞）を受賞した年でもある。敗戦で打ちひしがれていた日本人に大き

湯川博士にノーベル賞

輝く京大理論物理学グループ

恵まれた境遇

政治学会も反対

学園新聞1949年11月14日号

店で登山靴を買った。山岳部御用達で「ヒマラヤにも履いていったやつと同じですよ」と店主に言われ、1万8千円也、即決でその靴を買った。ご近所や親戚の人からいただいた合格祝いのほとんどをその登山靴につぎこんだのでよく覚えている。

いま振り返って、改めて筆者の京大にたいする「好ましいイメージ」とは何だったのかを考えてみると、いわゆる「京大学派」の影響が大きかったことを知る。

では、その「京大学派」とは何かというと、これは語る人の年代や専門分野のちがいによってさまざまであるようだ。私見により大雑把な分類を行えば、次のようなものである。

第一に、ふつう京都《きょうと》学《がく》派《は》とよばれる哲学者がいる。西田幾多郎（1870～1945年）と田辺元（1885～1962年）、および彼らの周辺にあった群れである。第二に、物理学者たち。ノーベル賞を受賞した二人、湯川秀樹（1907～81年）、朝永振一郎（1906～79年）をとりまく集団である。そして第三に、京大人文科学研究所を中心とするさまざまな専門分野の学者たち。桑原武夫（1904～88年）、今西錦司（1902～92年）、梅棹忠夫（1920～2010年）をはじめ、枚挙にいとまのない人びとである。

筆者が実体験した「校風」は第三のグループに属するといえる。このグループの仕事に最初に接したのはアフリカの類人猿学術調査だったが、そのとき思ったことは「何だ？　この人たち、好きなことやって学問にしている」だった。そのとき筆者が抱いた感想は、アフリカの類人猿学術調査が下記の系譜の上にあることを知ったことにより、確信に変わった。今西錦

京大学派

赤﨑は、大学は京都大学へと早くから（七高入学間もなくのころから）決めていた、と語っている。「知覧の武家屋敷の庭は京都の庭をお手本にした」と聞かされていたことによる京都への親しみ、七高時代の寮の同室の友人（京都の中学出身者）から聞かされていた京都に対する憧れ、そして受験の季節に読んだ『毎日新聞』掲載の大仏次郎の小説「帰郷」が、京都への思いを一層つのらせた、と。京都大学の校風が当時、三高にも浸み渡っていたのなら、京都の旧制中学生へも届いていて不思議ではない。兄、親、親戚だけでなく、旧制中学生の周りには京都に暮している三高生や帝大生と接している人も多い。そのようにして京都大学のイメージが形成されていると考えてよさそうだ。それが、寮の同室の友人を通じて伝わり、赤﨑にとって好ましいものに思えたのだろう。

ところで、筆者が京都大学を志望したときのことを思い起こすと、京都大学に関しての好ましいイメージがあった。その「好ましいイメージ」は当時の筆者にとっては第一に山岳部であった。

筆者は小さい時から父親に連れられて山登りをやっていて、日本の登山隊によるヒマラヤの未登峰登頂というニュースを幾度か聞いて、それらは京大山岳部の名前とセットになってインプットされていた。そして中学生の頃にはもう「♪雪よ岩よ我らが宿り……」と口ずさんでいた。

高校時代はラグビーに明け暮れていたが、大学ではもういいやと思っていた筆者は、1968年の春、入学式前の健康診断で大学にやってきたとき、偶然見つけた大学近くの登山用品れた。）

その桑原武夫が京大退官時に語ったことの中に次のような言葉があった。

「退官の辞令を受け取ったとき、自分は文部官僚の一端に在籍していたことを改めて思い知らされた」。筆者はこの言葉から“文部官僚の一端にありながら好きなことをやり通せた”という本音を読み取ったのだった。

京大人文科学研究所の正当な評価も述べなければならない。

第一に『ルソー研究』（1951年）から始まった人文科学研究所の「共同研究」という研究方法を組織化したこと。そこでは研究者間に上下関係はなくしていた。第二に「日本のサル学」として世界から注目を集めたほどに「徹底してフィールド研究」を重視したこと。この二つが挙げられる。

「共同研究」という研究方法を組織化したことと、「徹底してフィールド研究」を重視したこと。

この二つを可能にしたものこそが「誰でもが好きなことをやり通せる人間関係」を基盤に置いた場（制度）であったといえる。この学風が京大の校風となっていた。確かに筆者にはそう感じられたのだった。それらは、いま仮に東大学派というものを想定したとすると、それとは対照的なものになるといわざるをえない。

司はこういうことをやってきていたのだった。

1955年　京都大学カラコルム・ヒンズークシ学術探検隊隊長
1956年　日本モンキーセンター設立(愛知県犬山市)
1958年　日本モンキーセンターアフリカ類人猿学術調査隊隊長
1964年　第三次京都大学アフリカ類人猿学術調査隊隊長
1967年　日本モンキーセンター隣接地に京都大学霊長類研究所設立

具体的なエピソードを挙げると、1948年、今西の下で伊谷純一郎(1926～2001年)らが宮崎県の幸島のニホンザルを研究し始めたとき宿泊していた温泉宿の娘にまつわる話がある。大連で中学教師などをしていた三戸サツエ(1914～2012年)は帰国して宿の手伝いをしていたのだが、彼女は幸島のサル全部に名前を付けて観察していた。サルの戸籍をつくったのだ。その戸籍があったので、あるとき一匹のサルが海水で芋を洗って食べ始めると、その習性が群れの中に伝播していく経路をたどることもできた。この個体識別をするという研究方法が京都大学のサル学(霊長類研究)の方法としてアフリカでの研究にも受け継がれていったのである。

さらに桑原武夫は今西らとともに登山家としても知られ、1958年、京都大学学士山岳会の隊長としてパキスタンのカラコルム山脈のチョゴリザ(7,654m)への登頂を成功させている。(この記録映画は翌年『花嫁の峰 チョゴリザ』として劇場公開さな自信と希望をもたらした快挙であった。

受賞時、湯川は京都大学教授だったが、コロンビア大学に招聘中で、赤崎は量子力学の難解な講義を湯川の後輩、小林稔教授から受けている。

また、赤﨑は、その風貌から学生たちに〝プチ・アインシュタイン〟とあだ名されていた荒勝文策教授（のち京都大学名誉教授）の「物理学通論」の講義を鮮明に覚えている。『青い光に魅せられて』で、そのときの様子をまるで昨日の出来事のように語る。

「先生は、両手の掌《てのひら》を理論と実験に見立て、向かい合わせて、交互に上げて行きながら、こうおっしゃいました。『理論があって、それを実験が後付けで実証することもあれば、実験結果が先にあって、それが理論を誘導することもある』」そう学生たちに語りかけたのである。

慧眼である。素粒子研究が前者の代表例といえる。その後の赤﨑の長い苦節の道のりは、まさしく後者であった。赤﨑は実際、窒化ガリウムとの格闘の途上、この言葉を何度も思い出しては自分を励ますことがあったとしみじみと語っている。

ところで京都大学では、赤崎が3年の1951年、京大天皇事件が起こる。事件のあらましは次のとおり。

――11月12日、関西巡幸途上の昭和天皇が京都大学に来学すると、これを見物しようとして同大学正門付近に押しかけた多数の学生と警備の警察官との間で小競り合いが生じ、遠巻きに見物していた2000人の学生のなかから反戦歌「平和を守れ」の歌声が起こった。この出来事自体は逮捕者すら出ない突発的ハプニングにすぎなかったが、直後の国会審議で文相および一部の議員が学生の態度を「不敬」などとして非難し、またマスコミも同様の論調をとった。これに反応した京大当局は15日、天皇に「公開質問状」を提出した同学会（全学学生自治会）に解散処分を下し、17日には学生8人を無期限停学とした。

昭和天皇の京大滞在時間はわずか52分の出来事だった。そこに居合わせた学生たちはこれが「事件」と名のつく種類のものに発展するとは予想だにしなかった、と回想している。（『権力にアカンベエ！』田中博の回想）――

そのとき「天皇裕仁殿」という有名な公開質問状を起草したのが、当時理学部（天文学）の学生だった技術史家・中岡哲郎である。中岡は科学や技術を歴史と労働というものから切り離すことなく見る見方をしていて、筆者は教えられることが多い。

赤﨑が京都大学時代の思い出として語るのは「山」と「社寺仏閣巡り」である。天気がいいと友人から誘われるまま講義や実験を放り出して、南禅寺の大門の下で寝そべったり、疏水の上を歩いて山科あたりまで行ったりしたと懐かしんでいる。

また夏休みには、家庭教師をしていた教え子の中学生や高校生を連れて、新潟・妙高山麓にある京都大学の笹ヶ峰ヒュッテ※を拠点にして信州の山登りを楽しんだりした。

※笹ヶ峰ヒュッテは、今西錦司（1902～92年）、西堀栄三郎（1903～89年）とともに「三高山岳部の三羽がらす」と評された高橋健治（1903～47年）が奔走して造られた山小屋である。昭和3年（1928年）、昭和天皇即位を記念する事業の一つとして高橋はこれを提案し、実現した。ヒュッテは当初は高橋健治の名義とされたが、没後は夫人のローゼさんの名義となり、1952年に京都大学学士山岳会会長・木原均（1893～1986年）から京都大学に寄贈された。「雪よ岩よ我らが宿り」と始まる西堀栄三郎が作詞した『雪山讃歌』は、笹ヶ峰ヒュッテにおいて作られたと伝え

られている。標高1300メートルの高原にあり、妙高山、火打山、黒姫山などに囲まれている。夏と秋には一般にも開放される。

就職後は山登りがあまりできなくなった赤崎だが、かわりにジョギングに励んできた。「研究を粘り強く続けるうえで、体力は重要な要素のひとつだ」と考えるからである。

赤崎にとって忘れられないのは、2年生の5月の連休に友人と行った旅行のことである。それは、笹岡健三（のち横川ヒューレット・パッカード社長）と、飯盒《はんごう》と米と必要最小限の交通費だけを持って敢行した南紀無銭旅行である。

こうして3年間、幅広い教養を身につけて23歳になった赤崎は、京都を離れ、兵庫県明石市にある会社で社会人生活を始めることになる。

京都大学時代の赤﨑
上から順に、
北アルプスにて
大文字山にて　左端が赤﨑
寮生たちと　右端が赤﨑
南紀無銭旅行

科学史をめぐっての二つの立場

科学史をめぐっては二つの基本的な立場がある。筆者はその対立が、ある時代の裂け目で鮮やかに浮き彫りになったことを中岡哲郎の『ものの見えてくる過程――私の生きてきた時代と科学』（朝日新聞社）で知った。

一つの立場が、精神としての科学、その内的論理を重視する方法であり、もう一つの立場が社会史に基礎づけられた科学史を描く方法である。

その対立が鮮やかに浮き彫りになったのは、1931年の夏、ロンドンで開かれた第2回国際科学史学会においてである。ソ連はブハーリンを団長に大々的に代表団を送り込んできた。ソ連の若い科学史家ボリス・ヘッセンの報告が、会場に集まった当時の青年たちに衝撃的な感銘を与えたのである。科学の歴史を天才たちの鏤骨《るこつ》の精神的作業の歴史として描く方法を真っ向から批判し、科学を社会の産物としてとらえる視点を正面に押し出し、ニュートンが解こうとした問題群が、17世紀の資本主義社会の技術的要請――弾道学、航海術、鉱山術等――と密接な関係を持ち、いわばそれによって枠組みを与えられていることを示したのである。

以降、前者はインターナリスト、後者はエクスターナリストと呼ばれ、科学史界を支配する基本的な対立を形成するようになった。1931年という年は世界大恐慌が起こって2年目、ナチスが政権をとる2年前のことである。

筆者は科学史家でも何でもないが、明らかにエクスターナリストの側に立ち、そこに自分の成長史を重ねて、赤崎勇の生きてきた時代と精神をささやかでもほぐし直してみようとしている。

第三章

神戸工業と〃冷たい光〃との出会い

明石の"神戸工業大学"に就職

1952年、赤崎勇は神戸工業株式会社に入社。明石大久保製作所にあった第二技術部に配属となる。

神戸工業株式会社（その後富士通株式会社、現富士通テン株式会社）は、戦前は川西機械製作所という名前の会社で、川西機械グループでは飛行機や繊維機械・衡器・真空管を製作していた。

兵庫県の明石には戦前から川崎航空機（川崎重工の前身）という大きな軍需産業施設（1939年竣工）があり、周辺には関連する工場群が形成されていた。神戸工業の明石大久保製作所もそのなごりである。

ここで赤崎は会社員生活と実質的な研究者生活をスタートさせる。なぜ実質的な研究者生活のスタートかといえば、当時日本では、国立大学といえども大学に実験設備は乏しく、民間（それも戦災で焼失しなかった元軍需産業関連施設）が日本の工業や研究開発をリードしていたというのが実情だったからである。

赤崎がいろんなところで神戸工業のことを「当時〝神戸工業大学〞といわれていた」と語っているのも、そうした背景がある。実際、同社には、神戸の第一技術部に江崎玲於奈（のちソニーへ。1973年ノーベル物理学賞受賞）や成田信一郎（のち大阪大学教授）などが、明石の第二技術部には、高木俊宜（のち京都大学教授）や佐々木昭夫（のち京都大学教授）、三杉隆彦（のち富士通研究所長）らがいた。

もっと大きな時代背景もあった。

1950年6月に始まり3年間つづいた朝鮮戦争である。国連軍（その実態はアメリカ軍）の後方基地となった日本は、戦争に直接間接必要とされる物資を供給することになり、結果として戦後初めての好況期を迎えたのである。日本は、鉱工業生産では朝鮮戦争勃発の翌年の1951年に、1人当たりGNPでは53年に、それぞれ戦前の最高水準を突破してしまった。まさに「戦争特需」のおかげである。

神戸工業明石大久保製作所

戦後の明石市（部分）

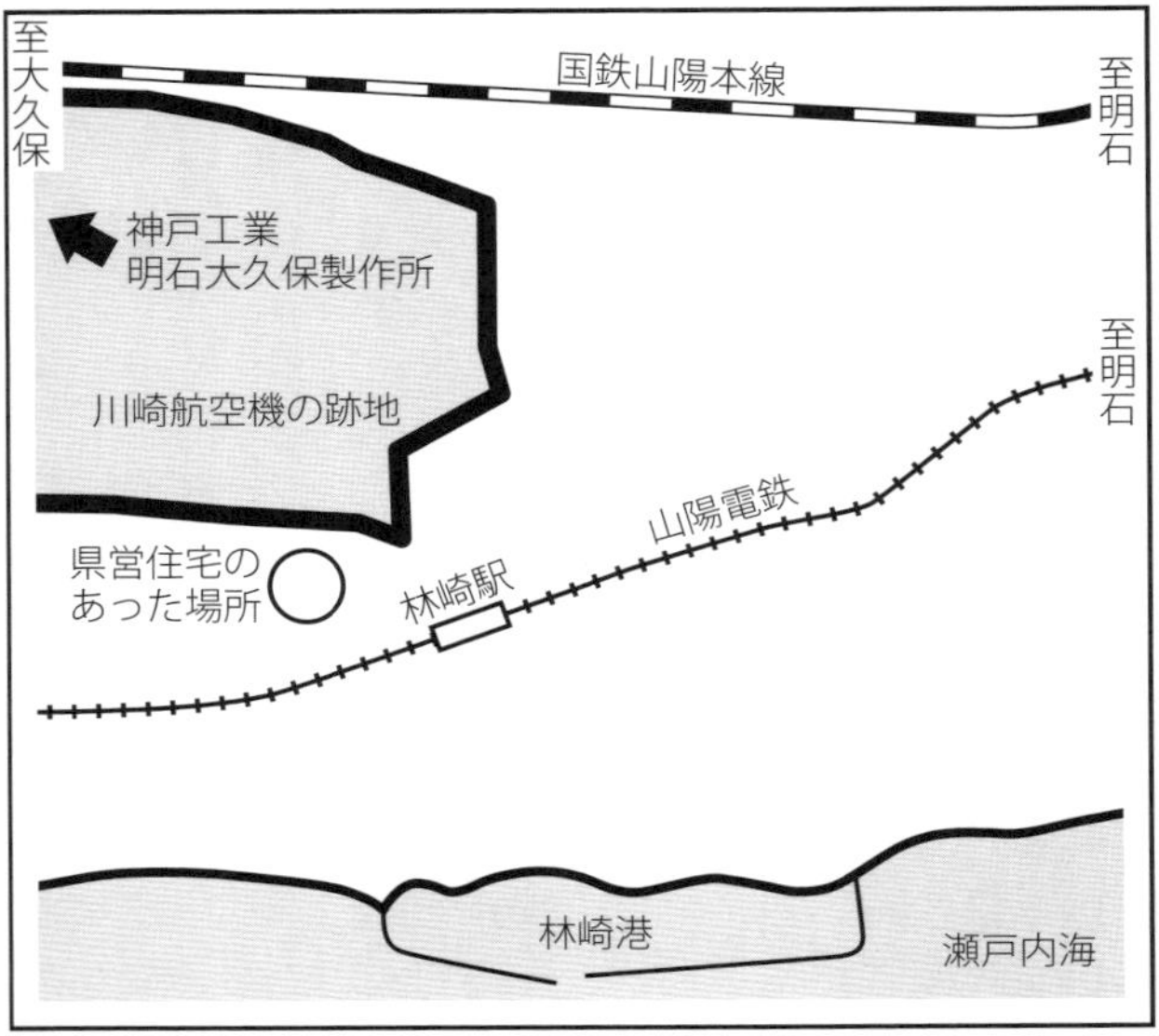

当時の『学園新聞』に載っている京大生の民間企業への就職状況の記事をたどっていくと、1949年、50年、51年とだんだんよくなっていくが、それも、経済学部と工学部に偏っている。それが1952年に一変し、好転するのが分かる。ただし女子は深刻なままである。

赤崎勇の映像を制作していたおり、その当時の神戸工業明石大久保製作所が写っている航空写真が見つかって筆者は、感無量だった。明石は、筆者にとって思い出の地であった。

外地から復員してきた父が4歳の男の子を抱えた戦争未亡人の母と所帯を持って、翌年筆者が誕生、2人の子どもを連れて引っ越してきたのが明石だった。その地は、父と母が、それまでの居候状態から脱して自分たちだけのすみかをえた場所だった。筆者が物心ついたのはその

明石市林崎の県営住宅前の子どもたち。前列右端が筆者

明石市林崎にある県営住宅だった。

赤崎勇から20歳ほど離れている幼少の身に、「特需」の実感はもちろんない。筆者の父は、大阪御堂筋に面した会社（繊維商社）に通いながら、「特需」を味わっていたことだろう。つい5年前まで「日本」だった半島で勃発した「戦争」のほうは、父や赤崎らにどのように映っていたのだろうか。

「オレは空を米軍のグラマンが西へ飛んで行くのを見たんだよな」。大学時代の同級のYは幼少時の記憶をよく語っていた。「三島由紀夫はたらいのうぶ湯をおぼえていると書いているぜ」のあとにそう続くのであった。同年生まれのYが空を飛ぶグラマンを見たのは3、4歳の頃。Yは京都の空で見ている。筆者には見た記憶がない。明石の空をグラマンは飛んで行かなかったのだろうか。

明石市大久保にある職場に通いながら、赤崎は戦争の傷跡がいたるところに残るこのあたりを歩いていた。国鉄で2駅ほどの明石の町にもたまには出かけていたことだろう。あるいは、住んでいたのが明石駅周辺だったかもしれない。

筆者の記憶では、国鉄明石駅前にトロリーバスが走っていた。人力車と車夫、傷痍軍人の白衣と募金箱。仕掛け花火が見事だった夏のおわり、そして春の野球場。あれがデビュー前（オープン戦）の広岡達朗だったのか。華麗な守備を見せ観客を沸かせた巨人の三塁手、がいた。

ルミネッセンス（冷光）との出会い

新入社員の頃の赤﨑勇にもどろう。

赤﨑の最初の担当は、放送用の大型の真空管やX線発生用の特殊真空管に使うための金属材料であった。まさに時代の要請である。

神戸工業にとっての後者の顧客は、産業用機器製造メーカーや国の研究機関、大学であろう。前者の顧客はNHKをはじめとした放送局である。赤﨑入社の翌1953年、テレビ放送が開始され、世はテレビ時代を迎えようとしていた。

神戸工業はテレビ受像機に使われるブラウン管の自社技術開発（RCA社とは技術提携

ンクリート舗装地帯。ローラースケートをやるにはそこがサイコーだった。

ある日、たぶん小学2年生のある日、完成したゴム動力模型飛行機を飛ばした。息をつめてプロペラに添えた左手を離し回りだすと同時に右手をなめらかに押し出しながら飛行機を手から離す。「うまく飛んだ、いいぞ、いいぞ、いけ！…いけ！」順調に上昇していった少年の模型飛行機は、どういうかげんか、どんどん上昇していって西のほうへ、どんどん上昇していって、いままで見たことのないほど小さくなっていった。すでに模型飛行機といっしょに駆け出していた少年は、すこしこわくもなってきていたが、ずっと追っかけていった。

そのてんまつは記憶にない。「オオクボ」のほうまで追っかけていった。陽がすでに傾いていて、走りながら、「しげる…」と聴こえてくる母親の声に引っ張られながら、なおも走りつづけていた自分がいる。

模型飛行機

赤崎が就職して最初に配属された明石大久保製作所。

「オオクボ」は幼少期の筆者には、小学校のあった場所のずっと向うの方、ため池とセットになって記憶されている。もうひとつは模型飛行機だ。

いまGoogleマップで確認してみると、大久保は筆者が通っていた花園小学校（山陽本線西明石駅に隣接）の西北西の方角、ため池はもうすこし北側にあったようだ。この花園小学校に、筆者は林崎から通っていた。林崎は海沿いを神戸から姫路まで走る山陽電鉄の駅名でもあり、平屋一戸建ての県営住宅はその近くにあった。

小学校までは2キロメートルくらいだったろうか。そのほとんどの道のりを子供たちは、広大な草っ原になっていた川崎飛行機跡のなかを歩いて通った。落とされた爆弾の穴があちこちに開いており、そこは子供たちのかっこうの遊び場だった。やはりボコボコに穴が開いていた滑走路跡地は唯一のコしていた）へと踏み切り、赤﨑は入社3年目にはその開発部隊に加わることになる。

赤﨑の担当は、ブラウン管の蛍光面であった。蛍光面に塗布するのは硫化亜鉛系の粉末蛍光体である。赤﨑入社の27年後、それほど大きくもない徳島の蛍光体メーカーに入社した中村修二との不思議な因縁を感じる。

ところで、発光現象にはさまざまある。大別すると熱によるもの（太陽、炎、白熱灯などの光）、とそうでないもの（蛍光灯、ブラウン管から生物発光の光までさまざま）に分けられる。赤﨑は、この熱によらない発光＝冷光（ルミネッセンス）という現象に研究者として初めて出会うことになる。そのことを『青い光に魅せられて』で次のように述べている。

「このルミネッセンスという現象に出合ったとき、私の中にある物理屋のセンスがひどくくすぐられました。もちろん、現象自体は知っていましたが、知識として知っていたにすぎませんでした。ルミネッセンスを初めて目にした私は、すっかり夢中になり、現場の仕事を終えた後に暗室でひとり観察するほど、取りつかれてしまいました」。

こうして赤﨑は、60年後のノーベル賞受賞へとつながる運命の糸を、偶然にもたぐりよせてしまうのである。

話をすこし前にもどそう。

時代の要請という名の将来の大きな需要を見越して企業の研究開発は進められていくが、そのことに加えてもうひとつ語らねばならないのが、研究開発・技術開発において材料というものが置かれている役割というか位置というか性格についてである。

大学であれ、民間であれ、材料分野に携わる研究者たちは自分たちのことをよく「材料屋」と語る。当時でもそうであったろう。その響きには、華やかではなく地味、表舞台ではなく裏方、しかし、「新しく生み出そうとしているモノ」の機能の課題突破に、決定的に重要な鍵を自分たち「材料」に携わる者が握っているというようなひそやかな自負がこめられている。

筆者は、T大学の材料分野の教授にかつて大変お世話になったことがあるが、その教授が語っていたことばが忘れられない。「素粒子は南極探検、材料はアマゾン探検」と。

そして「材料」の研究開発は、二つの方向への〝どっちにも〟つながっていくという性格をもっている。どっちにも、とは、一つには一般の人びとの生活場面で出会うことになる便利な電気機器類や有用製品であり、もう一つとは生活とは離れたところにやがて出現する巨大なプラント（原子力など）や軍事関連の根幹部品や材料に、である。生産財としての「材料」は、本質的に〝そういうもの〟であり、このことはこんにちでも変わらない。

神戸工業明石大久保製作所にあった第二技術部で、入社3年目の赤崎は、ブラウン管の蛍光面をいかにきれいに作るかという課題に日夜取り組むことになる。薄い硫化亜鉛の塗布膜の最適な厚みはどれだけか、どうしたらその厚みを均一に作れるか。なにしろ相手は平面ではなく湾曲しているブラウン管である。

塗布膜ではなく硫化亜鉛の単結晶の膜にしたらどうか、というアイデアを赤崎は上司に提案したこともある。硫化亜鉛の塗布膜をめぐる技術課題は別の方法で解決されたので、この「単結晶の膜」はアイデアだけで終わったが、その着想は脳裏にきざまれ、のちに赤崎が「エピタキシャル成長」という方法で半導体材料開発に取り組むことになった際、ふたたび蠢動しはじめることになる。

1952年の神戸工業の第一技術部（神戸にあった）では、小型真空管の開発が主であったが、しばらくするとトランジスタの開発に着手する。そのトランジスタには、材料として当初はゲルマニウムが用いられ、これはのちにシリコンにとって代わられるようになっていく。

つい5年前までは「日本」だった朝鮮半島で戦争が勃発したのが1950年、この戦争は53年まで3年間つづいた、と前に記した。その翌年、1954年に、南太平洋でマグロ漁を行っていた漁船の乗組員がアメリカの水爆実験によって被ばくし、半年後1人（久保山愛吉無線長、被ばく当時39歳）が死亡するという「第五福竜丸事件」が起きた。第五福竜丸はアメリカが設定した危険水域の外で操業していたにもかかわらず深刻な被災・被害（漁業被害も大きかった）をもたらしたのである。アメリカの軍と政府に日本中の人びとが憤激した。東京都杉並区に端を発した水爆禁止署名運動はまたたく間に全国に波及し、翌年8月には3200万筆（日本の人口のおよそ3分の1！）を集めるまでの広がりを見せた。

その頃親によく言われたものだ。雨に濡れると髪が抜ける（だから濡れるな）と。「放射能で髪が抜ける」は、広島、長崎の原爆を体験し、今また水爆の「死の灰」で死者を出した日本の大人たちがすぐに感じとった放射能にたいする恐怖心の現れであった。黒澤明は映画『生きものの記録』を撮り、核戦争に心底おびえブラジル移住を真剣に考えはじめた零細企業の社長の抱いた恐怖心を描いた。

つい9年前までは「日本」(委任統治領)だった島でのアメリカによる水爆実験。冷戦と呼ばれる戦後世界の政治経済体制が〈核〉開発競争によって強化・固定化されていくまっただ中に、赤崎も私たちもいた。

第五福竜丸事件はしかし、神戸工業にとっては放射線検出装置の受注の急増につながった。ガイガー・ミュラー・カウンター(GMカウンター)は量産態勢に入り、赤崎にはベータ線用のシンチレーターの開発案件が回ってきた。シンチレーションとは放射線が当たると光を発する現象で、シンチレーターはその光を発する物質のことである。これを利用した放射線検出・測定装置がシンチレーション検出器である。

当時、「放射線」や「X線」は研究者や技術者の身近なところのものであった。第二次大戦中のイギリス・ロンドンでは、それが生活している身近なところにあったことが、オリヴァー・サックスの『タングステンおじさん』に描かれている。

ちなみに、GMカウンターとは一般にはガイガーカウンターという名でなじみのある放射線測定装置の主要部品である。筒の中に封入した不活性ガスが、放射線が通過するたびに電離され、この電離現象で筒の中心部に置かれた高電圧の陰極と陽極の間にパルス電流が流れ、この通電回数を数えるという仕組みになっている。この回数が多いほど高い線量ということになる。

赤﨑はのちに語っている。「私はよほど光りものに縁があるようだ」。

研の仁科芳雄さんたちが取り組んでいたのだから、その一部を担当させられていても不思議ではない」と。

「電気化学というのは、応用物理とか物理化学という領域だから、ぴったりはまる」「オヤジは、戦後、京都大学に戻って、1955年にはフルブライト奨学生（第二期）で米国留学したんだけれど、これは、日本の原子核工学復活の布石に見える。実際、帰国後の1958年、京都大学原子エネルギー研究所教授を併任している」「アメリカの諜報力からすれば、戦時中から一技術将校に目を付けていたのかもしれない」と。

「あのころの大学の研究室なんて、放射性物質が木の本棚に転がっていたし、仁科さんの早逝もそうだというけれど、オヤジのがん（咽頭がん）死もそれなら理解できる」。

科学者や技術者が、その時代時代の制約のなかで生きていることは確かだろう。湯川秀樹や朝永振一郎の世代と、福井謙一やYの父の世代は一回り（12年）違う。そして赤崎勇は、福井たちと10年の開きがある。

電池と原子力

筆者と同年の生まれ、大学同級で、幼少期に京都で西へ向かう相胴のグラマン戦闘機を見たというYの父（故人）は、京都大学工学部の名誉教授である。電気化学の専門家で、電気分解や電池の研究で知られ、いま先端の「燃料電池」の初期の研究開発者だった。そのYが「オヤジは被ばく死だよ」という。

Yの父は、1919年生まれ。京都一中から三高、京都帝国大学工学部（工業化学科）卒業、ただちに工学部講師というコースである。ノーベル賞受賞の福井謙一京都大学名誉教授とは同じ工業化学科の同期である。

しかし、この世代の科学者の予備軍には、共通の体験がある。いうまでもなく第二次大戦である。

多くの理工系の学徒・研究者は軍の「技術候補生」として動員されている。Yの父も、1942年、陸軍の技術将校として東京の陸軍燃料廠に赴任している。福井謙一も同じように陸軍「技術将校」経験がある。Yはいう。「あのころの軍事技術の開発の焦点は『新型爆弾』（原子爆弾のこと）。同じ時代、陸軍と理

『タングステンおじさん』

『タングステンおじさん――化学と過ごした私の少年時代』(早川書房)は、『レナードの朝』や『妻を帽子と間違えた男』などで知られる脳神経科医オリヴァー・サックスの少年時代の思い出話である。

ロシアからイギリスに移住したユダヤ人一族の孫であった著者には「タングステンおじさん」と呼んでいた叔父がいた。「タングステンおじさん」、今の時代に置き直すならば「LEDおじさん」がいたことになる。

叔父さんの実験小屋には理科の実験道具がたくさん置いてあった。その小屋が少年サックスの格好の遊び場になった。イギリスはナチス・ドイツと戦っていた。しかし少年サックスはメンデレーエフの周期表に眼を奪われる。

訳者の斉藤隆央も言っているとおり、その小屋でオリヴァー・サックス本人が行った実験は、数多くの偉大な科学者によって行われた実験に通じている。博物学から科学へ、オリヴァー少年の中に個体発生した科学への興味は科学の発生史という系統発生をくり返す。

オリヴァー・サックスはまた、放射性物質の科学史を通して科学の負の側面に関しても言及している。

「化学や物理学は、私に純粋な喜びと驚異をもたらす源泉だった。それらのもつ負の力を、十分に知らなかったのかもしれない。原子爆弾は、私を震え上がらせた。そして、だれをも震え上がらせた」。

第四章

やってきたエレクトロニクスの時代

名古屋大学時代の半導体研究

名古屋大学へ

赤﨑勇の20代は神戸工業での材料の研究開発の没頭で明け暮れた。そして、30歳を迎えた年の1959年4月、赤﨑は名古屋大学工学部電子工学科助手に赴任することになる。そのあたりの事情について、赤﨑は筆者らにも幾度か語っていた。キーマンは神戸工業在籍時の上司有住徹弥部長である。

有住部長が名古屋大学工学部に新設された電子工学科の第三講座（半導体工学講座）にスカウトされ、赤﨑も強引に一緒に引っ張られてしまった、そういう事情である。（赤﨑は同じ頃、京都大学の先輩から誘いを受け、そちらへの移籍を本当は考えていた、と語っている）

ここで、有住徹弥（１９１３〜86年）にすこし触れておこう。

ソニー（当時・東京通信工業）が１９５５年に日本初のトランジスタ・ラジオを発売したことはよく知られているが、神戸工業にいた有住徹弥はその前年１９５４年、日本初のトランジスタ・ラジオを作り発表している（回路設計は小谷清一が担当）。米国ＧＥ社が１９５１年にｐｎｐ型トランジスタの開発に成功し、１９５３年には米国ＲＣＡ社がｎｐｎ型で量産開始。米国でも日本でも、性能のよいトランジスタ（素子）に欠かせないゲルマニウム半導体の開発競争に各社がいっせいに入っていった、そういう時代である。その向こうにラジオ、テレビをはじめとする電化製品という〈巨大な市場〉を見据えていたのである。

結果的に赤﨑は、この時は市場に直結する「企業の研究者」ではなく、「大学の研究者」の道を選ぶことになる。

名古屋大学であったことも幸いしたかもしれない。新設された講座をゼロからスタートさせることになったからである。何も整っていない。「机と灰皿を買うことからはじまった」と赤﨑は退官記念の最終講義（１９９２年）で告白している。当然、実験設備も何もない。

赤崎はそれらすべてを自分でやる羽目になる（なにしろ有住教授の〝助手〟である）。

このことは、赤崎勇が育てていく知の世界を語る上で極めて重要な意味を含んでいる。自分で一から手を下していくということで、ものごとの一面だけを知っている知識とは別の〈全体観をもった専門知〉の世界をつくり上げていったのではないかと思われるからである。それが、自らを「雑学屋」と自嘲気味に語る〈赤崎知〉の本質である。


先に述べたように、赤崎が名古屋大学工学部に新設された講座に助手として赴任したのは、１９５９年のことである。それはどんな時代だったのか。

１９５０年代後半から、日本は高度成長期を迎える。経済白書に「もはや戦後ではない」と書かれたのが１９５６年であった。この高度成長期に家電製品の電気洗濯機、電気冷蔵庫、テレビ（白黒）が「三種の神器」と呼ばれ、日本中の家庭に入っていった。

ちなみに、筆者が育った家庭に「三種の神器」が入ってきたのは、電気洗濯機が１９５６年、テレビ（白黒）は１９５９年、電気冷蔵庫は１９６０年であった。筆者の居住地は都会勤務の会社員が割合多く住む地域であったので、全国平均からすると少し早い時期である。三種の神器はあっという間に地方や農村、日本中の津々浦々の家庭に入り込んでいくことになる。

エレクトロニクスの時代がやってきたのである。名古屋大学に（あいついで他の旧7帝大と東京工大などにも）電子工学科が新設されたのも、そうした要請に応えるためで、新設の目的は、まさにそのエレクトロニクスの核心技術である半導体の教育と研究である。

すこし脇道にそれるが、社会や時代の要請といえるかといえば大いに疑問符がつく「原子力」について語れば、京都大学に日本で最初の原子核工学科ができ、最初の新入生が入学したのは1959年であった（ちなみに東京大学原子力工学科はそのすこし後、名古屋大学は1966年だった）。1956年、科学技術庁が誕生（初代長官は正力松太郎）。同年、日本原子力研究所設立。翌57年には、最初の研究用原子炉で臨界達成。京都大学にいち早く原子核工学科ができたのはそういう時代である。

伊勢湾台風と赤﨑

もうひとつ。1959年、赤﨑が名古屋大学に赴任した年は、「皇太子ご成婚」で日本中が沸き「それを実況で見たい」と前年からテレビが飛ぶように売れた年であるが、9月には台風15号（のちに伊勢湾台風と名付けられた）が名古屋を襲い、死者行方不明者5000人強、家屋の全半壊・洪水による流失15万4000戸に達するという甚大な被害をもたらした年として人びとに記憶されている。

赤﨑が転居していった町に、筆者は不思議と縁がある。明石に続いて、名古屋もそうだ。筆者は1960年、伊勢湾台風の翌年、父親の転勤（紡績工場への出向）に伴って大阪府箕面市から名古屋近郊の一宮市に引っ越してきた。

6年生から新しく通うことになる西成小学校は、小学入学後3つ目の小学校。大阪から東海道線を走る準急が揖斐川鉄橋を渡っていくあたり、準急の車窓から大量の流木などが見え、前年襲った台風の凄まじさを実感したおぼえがある。箕面は台風の目が通過した西側にあったため、大した被害も出なかった。

伊勢湾台風の体験は、赤﨑がめずらしく筆者らにそのプライベートな話を多く語ってくれた話である。赤﨑の伊勢湾台風体験は次のようなものだった。

名古屋大学が大型コンピュータを導入する計画で、有住教授が学内での責任者に就くことになり、助手だった赤﨑にも役が回ってきていた。東京への出張に出かけるため、9月のある土曜日、赤﨑は名古屋駅から列車に乗った。しばらくして列車は安城の手前で停止、車中で一夜を明かすことになる。赤ん坊が泣きだすやら、何やらでたいへんだった。

赤﨑がようやく名古屋の下宿に帰り着いたのは、

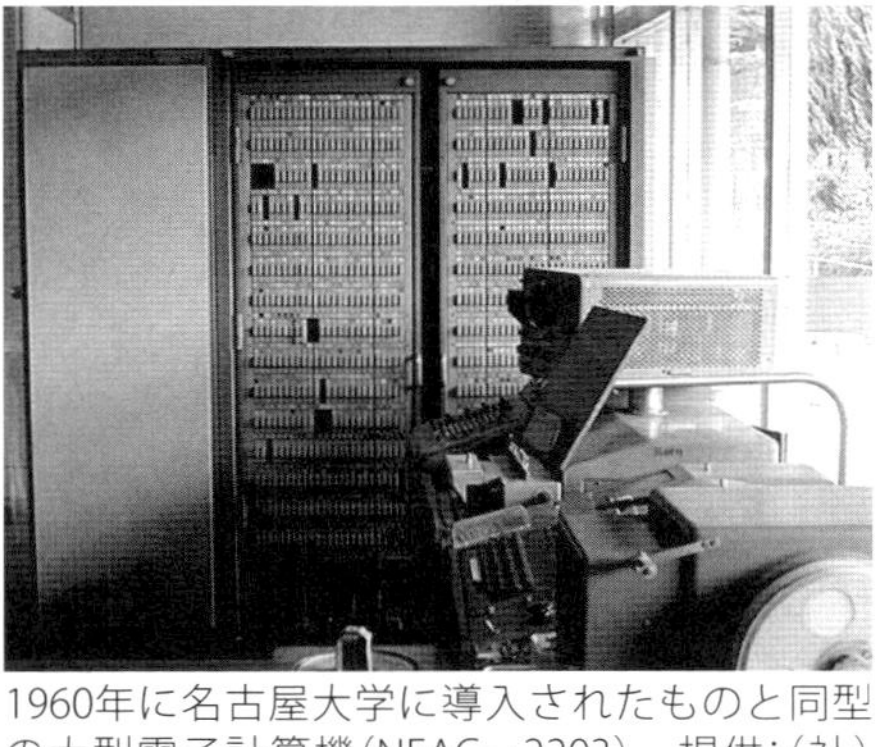

1960年に名古屋大学に導入されたものと同型の大型電子計算機（NEAC－2203）　提供：（社）情報処理学会

翌日の深夜だった。下宿の部屋は松の木が壁を突き破って倒れかかってきていて、赤崎が作った電蓄（電気蓄音機）の大きなスピーカーにもたれかかっていたのである。電蓄は無事だった。

この電蓄は、赤崎の次女の家に現存している。神戸工業時代に会社で製造していた真空管を使った手作りで、赤崎お気に入りのＬＰ盤レコードプレーヤーである。今でもＣＤより真空管式アンプでＬＰレコード（クラシック音楽）を聴くほうが自分は好きだ、と赤崎は自著で語っている。今でいえば完全にアナログの人である。

その完全にアナログの赤崎は名古屋大学で、初めて半導体の結晶成長の研究に着手する。研究者としての自分の足場を固めながら着実に歩を進めて行く若々しい赤崎の姿が浮かんでくる。

まず、赤崎は自力で実験室の建設を始める。どうして建設から始めるのか。

有住徹弥に触れたところで、当時のトランジスタ（素子）の半導体がゲルマニウム半導体であったことを述べた。そのゲルマニウムの単結晶は国内では入手できないので、研究にはゲルマニウムの単結晶を自分たちで作り出さなければならない。作るには、原料となる酸化ゲルマニウムを還元する必要がある。実験には、そのための装置の全部が必要で、赤﨑は半年かけて手ずから造りあげていったのである。

半導体がシリコンに置き換わる前の時代の話である。そうした準備を整えた上で始められていった、赤﨑の「第一期名古屋大学時代」の仕事を簡単に紹介しよう。

酸化ゲルマニウムはアフリカのコンゴからベルギー経由で輸入し、研究室で精錬してインゴットを作った。

自力で精錬したゲルマニウムから、次は単結晶を作った。そのとき赤﨑は自分の研究室に換気ダクトを取り付けている。

次に、その単結晶を基板として、その上にゲルマニウムをガス状にして原子を一層ずつ積み重ねる。いわゆるエピタキシャル成長法（後述）によってゲルマニウムの結晶を成長させた。

最終講義で赤﨑は次のように話している。

「電子顕微鏡をやっておられた阪大の菅田先生とどこかの研究会で話している時に〝先月アメリカに行ったら、ＩＢＭでこんなことをやってましたよ。詳しいことは分からないが〟とおっしゃる。しかしどうやら〈エピタキシャル成長〉なんですね。要するに〝ゲルマニウムに沃素を反応させて、石英管の中で何かやっている〟。それだけの情報だったんです」

それだけの情報でピンときて、紙上でいろいろ検討して、赤﨑は「これは（自分で）できるんじゃないか」と思ったという。まさに実験屋の本領が発揮されたといえるエピソードである。

これは、日本では初めての試みだった。赤﨑はこの研究を博士論文にまとめた。

赤﨑はこのような研究を進める中で、半導体研究にたいする赤﨑流の方法を確立していった。それは、

1．結晶。つまり、高品質の単結晶を自分の手でつくること

2．物性。つまり、その結晶がもつ性質を調べ尽くすこと
3．デバイス。つまり、製品化されたものの機能を想定すること
この3つを三位一体で研究に取り組んでいくことが半導体研究の要諦である。そういう

上：研究中の赤﨑ら
中：研究室の人びとと赤﨑（前列左から2番目）
下：赤﨑が取り付けた換気ダクト

研究方法であった。

京都大学時代、実験と理論の関係を荒勝文策教授から学んだ赤﨑は、それを自家薬籠中のものにすることで、赤﨑流の方法として確立させていったのである。

この時期、赤﨑の話から「山」のことが出てこない。新婚生活で直ぐに子にも恵まれ、それどころではなかったのかもしれない。

冬、伊吹下ろしがやってきて、名古屋はけっこう寒いところである。冬の恩恵もある。澄み切った寒い朝など大パノラマが広がる。濃尾平野の東北側には恵那山が構え、その左手向こうに力強く御嶽山が白く聳《そび》えている。その陰には小さく冠雪した乗鞍まで望める。北のほうにはやはり真っ白な白山、北西には伊吹山が大きく迫っている。その左手前に養老山系が連なり、さらに左のほうには御在所岳の気配を感じることもできる。

半導体の光る原理

ここで、ＬＥＤ発光の仕組みを簡単に解説しておこう。なお、詳しくは巻末付録２「図説 青色ＬＥＤ」を参照のこと。

▽ＬＥＤ発光の仕組み

発光ダイオードのことをＬＥＤとも呼んでいる。ＬＥＤはLight-Emitting-Diode、光を放出するダイオード、光を放出する半導体素子という意味である。では、半導体はなぜ光るのか？

下に図示したのは、ｐｎ接合の半導体。電気的にプラスの性質をもつｐ型半導体と、電気的にマイナスの性質をもつｎ型半導体が接合している

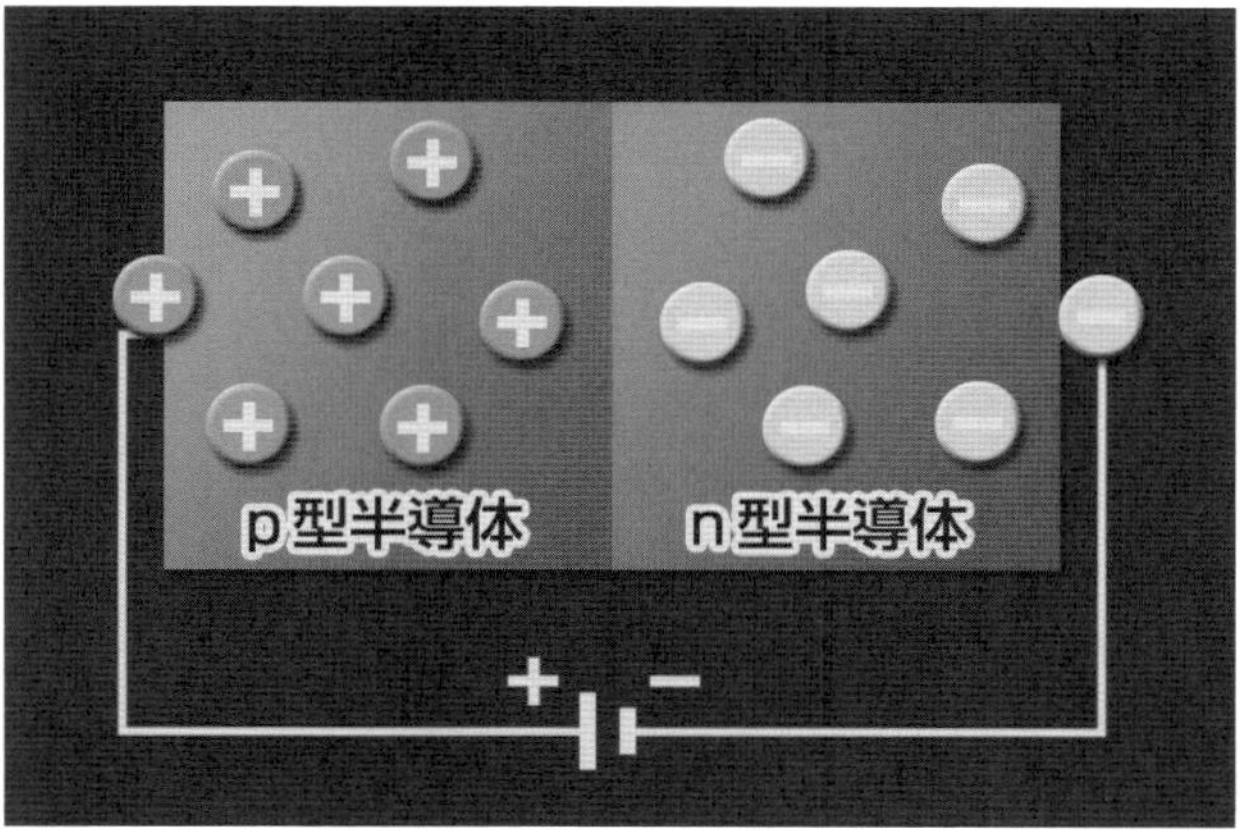

ｐ型にプラスの電極をつなぎ、ｎ型にマイナスの電極をつなぐと、プラスとマイナスが互いに接合部へ移動して、そこで結合して消滅する。そして、消滅した電子がもっていたエネルギーが光に変換され、光る。これが半導体の光る原理である。

▽バンドギャップエネルギー

次は、光の色はどのようにして決まるのか。

半導体にはバンドギャップエネルギーという材料固有の値《あたい》がある。これはよく飛び込み台とプールに譬《たと》えられる（下図）。電子を飛び込み台の上の人に見立てると、バンドギャップエネルギーは飛び込み台の高さである。高い位置から

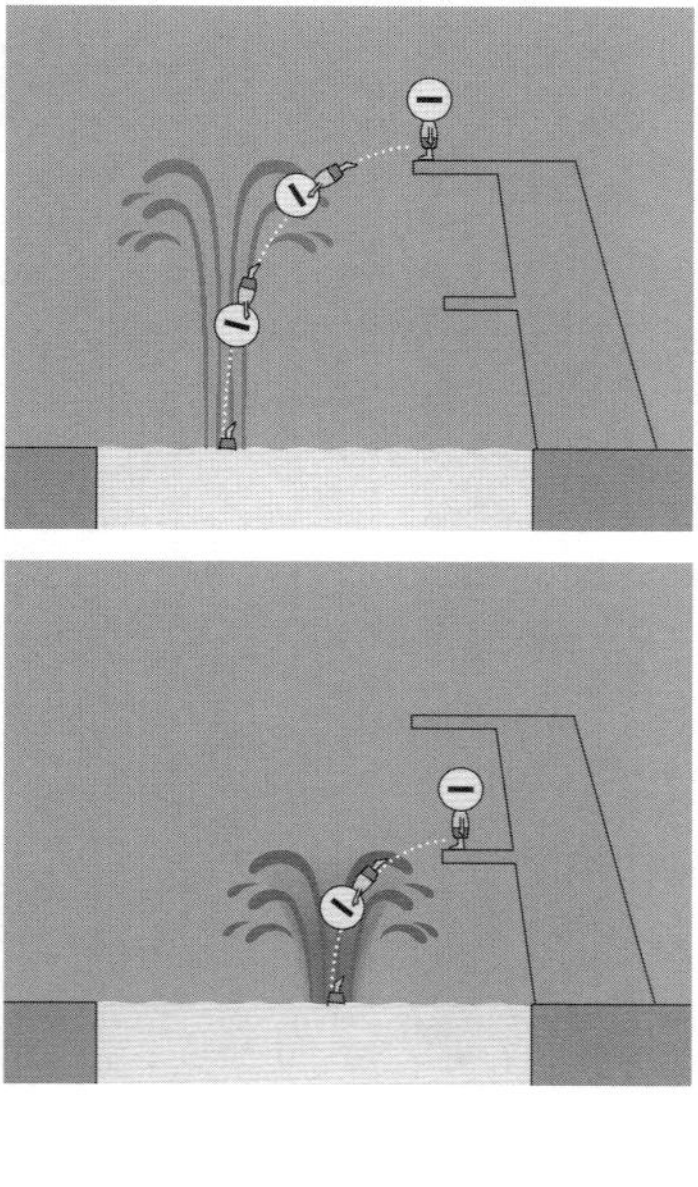

プールに飛び込んだ時のしぶきが青になり、低い位置から飛び込んだときのしぶきは赤になる。

バンドギャップエネルギー＝波長（短いほうがエネルギーが高い）と置き換えることもでき、（450～495ナノメートル）＝青、（495～570ナノメートル）＝緑、（620～750ナノメートル）＝赤と並ぶ。青よりバンドギャップエネルギーが大きい＝波長が短いのが紫外線で、赤よりバンドギャップエネルギーが小さい＝波長が長いのが赤外線である。

1960年代、発光ダイオードの赤や黄や緑は実用化が始まっていたが、青はまだ実用的には遠い夢の段階にあった。バンドギャップエネルギーの大きい材料の結晶を作ることができなかったからである。

ところで、発光ダイオード開発の歴史において、東北大学名誉教授の西澤潤一（1926年～）のことを忘れてはならない。西澤とそのグループは発光ダイオード開発の先導役を果たして赤、黄、緑を開発し、ノーベル賞の呼び声も高かった研究者である。これに赤﨑ら3人による青の功績が加わることで、光の3原色すべてを日本人が揃えることになったのである。

松下電器東京研究所時代の〝青〟への挑戦

東京オリンピックの年に

中央研究所ブームといわれた頃のピークにあたる1960年、松下幸之助は、大学に負けない基礎研究を行うことを志し、本社大阪にある中央研究所とは別に松下電器東京研究所をつくった。1962年、株式会社にするにあたって社長兼所長に東北大学教授の小池勇二郎（のち松下電器取締役）を招聘した。

松下電器は〝販売の松下〟から〝技術の松下〟への変革を目指しており、東京研究所には基礎研究室、電子装置研究室など8つ（のちさらに拡充された）の研究室が設けられ、室長は旧帝国大学の新進気鋭の助教授クラスが集められた。室長には室員を選べるなどの大きな権限が与えられていた。当時のアメリカRCA研究所をモデルとしたといわれている。RCA研究所は商品の製造機能を持たず、本社から完全に独立した組織で、その頃真空管や半導体技術の特許で収益を上げていた。松下電器東京研究所を3年後の1963年に独立した株式会社としたのも、そうした構想に基づいていた。

松下電器東京研究所

赤崎は小池に誘われてこの研究所に移ることになるが、この〝二度目の転籍〟も、小池

による強引とも呼べるスカウトで「仕方なく移った」と最終講義で述べている。そして、行くからには心機一転と覚悟を決めて考えた。小池所長に「何をやるの？」と問われた折には、即座に「光る半導体をやります」と答えている。

赤﨑勇がこの松下電器東京研究所（のちに松下技研と社名変更）に在籍したのは１９６４年からの17年間で、年齢としては35～52歳。研究者人生の脂が乗り切っている壮年の年代である。ここで赤﨑は最も若い研究室長として、のちの歴史的な発見発明の基礎となる研究を積み重ねていく。

１９６４年、10月10日からの東京オリンピックの開催をひかえ、東京の中心部は建設ラッシュの騒がしい響き、夜を日に継ぐ突貫工事の喧騒が、なにかしら人びとから落ち着きを失わさせていた。

赤﨑とおよそ20歳離れている筆者はその頃、赤﨑と入れ替わるように名古屋の高校（県立旭丘高校）に進学、すぐにラグビーに明け暮れる毎日がはじまった。藤島大が『ラグビー大魂（DAI HEART）』で「高校ラグビーは絶対である」と語る15の春だった。「あの、たいがいは晴れていたはずの桜咲く午後、純白のジャージーをビニール袋より取り出して、油性のペンで胸に氏名を大きく書き、そうして、あなたの青春の速度と密度は決まった」のである。東京オリンピックの響きなんぞ、町にも学校にも聞こえてきやしなかった。

桜咲く4月、赤﨑勇は神奈川県川崎市生田の小高い丘の上にある新しい職場に着任した。基礎第4研究室長となった赤﨑は何かしらフィロソフィーが必要だと考え、3つを掲げた。

1. 新しい（未踏の）分野をやる。
2. 大きなテーマと小さなテーマをいつもパラ（レル）にもってやる。
3. あくまで〝結晶からデバイスまで〟一貫して物性研究をやろう。

の3つである。

具体的には、「化合物半導体（中でもⅢ－Ⅴ族）の結晶成長とその結晶学的な性質、光学物性、それから電子デバイス、光デバイスの研究」を、結晶成長を通してやっていこう、ということである。

周期表（一部）

Ⅱa	Ⅱb	Ⅲ	Ⅳ	Ⅴ	Ⅵ
Be ベリリウム		B ホウ素	C 炭素	N 窒素	O 酸素
Mg マグネシウム		Al アルミニウム	Si シリコン	P リン	S 硫黄
Ca カルシウム	Zn 亜鉛	Ga ガリウム	Ge ゲルマニウム	As ヒ素	Se セレン
Sr ストロンチウム	Cd カドミウム	In インジウム	Sn スズ	Sb アンチモン	Te テルル

化合物半導体とは

ここで、化合物半導体というものについてすこし解説しておこう。

現在も主流をなす半導体材料は依然としてシリコンSiである。これは地球上に豊富に存在し、低コストでデバイスを製作する技術が開発されたことから半導体世界の主役となった。このシリコンやゲルマニウムGeなど単一の元素で構成される半導体を単位元素半導体と呼ぶ。

これに対して、複数元素の化合物でできた半導体を化合物半導体と呼ぶ。化合物半導体は、より高速な回路動作、受発光機能、磁気感受性、耐熱性など、シリコン半導体に比べて多様な機能と高い性能を発揮することができる。

１９６０年代、単位元素半導体がゲルマニウムからシリコンに移っていく一方、さまざまな可能性を秘めた化合物半導体が研究者の注目を集めていった。赤﨑はその真っ只中の誰も試みたことのない未踏の領域へ踏み込んでいったのである。

化合物半導体としての候補には、元素の周期表でいうところのⅢ―Ⅴ族（ヒ化ガリウムGaAs、リン化ガリウムGaP、リン化インジウムInP、窒化ガリウムGaNなど）、Ⅱ―Ⅵ族（テルル化カドミウムCdTe、セレン化亜鉛ZnSeなど）、Ⅳ―Ⅳ族（炭化ケイ素SiC）などがあった。

それから半世紀経ったこんにち、Ⅲ―Ⅴ族化合物に属する半導体には、発光ダイオード（ＬＥＤ）、レーザーダイオード（ＬＤ）フォトダイオード（光センサー）などの光関連デバイスや高速通信デバイスなどが実用化されている。

さて、ではなぜ化合物半導体が多様な機能と高い性能を発揮できるのだろうか。

「族」は周期表における縦の列が同じ元素のグループを意味し似通った特徴を持っている。これらを別の特徴を持った「族」と掛け合わせる（化合物にする）ことで両方の特徴を合わせ持つ、または全く新しい機能を備えた半導体ができるのである。さらに化合物半導体を複数組み合わせることによってさらに多様な機能を設計することも可能となる。こうした研究は現在も活発に進められている。

赤崎が半世紀前、Ⅲ－Ⅴ族化合物である窒化ガリウムGaNに着目したのは、そうした可能性をもっとも秘めた未知の世界がそこに広がっていたことによる。

以下、赤崎がこの研究所で取り組んだことを述べていくが、その内容が複雑なので理解が進むように、１０７頁の図を参照しながら読み進めていただきたい。この図は筆者が赤崎勇の伝記番組を制作していたとき、研究者取材用に作成した自分用の「理解促進チャート」である。

自由な雰囲気と厳しさと

赤崎と室員の原徹（のちに法政大学教授）がまず取り組んだのは、ヒ化ガリウム（GaAs）

赤﨑勇の松下時代の研究史

※筆者が赤﨑勇の伝記番組制作中に作成した「理解促進チャート」。1972年大島さん入社は実際は所内異動

研究年表

05.5.12

	エポック	化合物	結晶成長法	素子の構造	デバイス	色	
1964年							
1968年	モスクワの半導体物理国際会議で発表		ブリッジマン法でまずGaAs単結晶を作り、それを基板に気相エピタキシャルで作成				結晶残っている。
	橋本さんと。	AlN					
		GaP単結晶の引き上げ	LEC法				
		GaP	液相エピタキシー			赤色	
1970年	大木さん入社						グループ2に配属気相エピタキシャル法により緑色
1972年	大島さん入社						グループ1液相エピタキシャル法を中心に緑色LED
1974年頃		GaN	MBE				
1976年～1980年（発表は81年）	通産省のプロジェクト（日電はGaAsで赤外レーザ、その2次高調波で青色を出す）	GaN	MBEとイオン注入を組み合わせて	MIS型	フリップチップ型？	青色	
		GaN	（大木）バックアップに気相成長も（クロライドVPE）	↓	↓		
1979年	Decision（1）MOVPE法が最適。Decision（2）サファイア基板の		もともと				
1981年	アメリカでの松下技術展への出品						
1981年	ガリヒ素シンポ（~~合歓の里~~）	軽井沢でも				実用的な青色LEDと	

の純度の高い単結晶をつくり、その物性を調べることだった。

ヒ化ガリウムは当時、研究者の間でマジッククリスタルと言われていた。扱いにくいが何でもやってくれる魔法使いのような化合物、そういう意味がこめられていた。夢をもたせてくれる化合物だったのである。

赤崎と原の研究は、1968年にモスクワで開かれた半導体物理国際会議で発表され、かなりの評判をよんだ。（110頁写真中）

当時、化合物半導体の世界的権威だったジェラルド・ピアソン（スタンフォード大学教授。ベル研究所ではショックレーと同僚だった）が、松下東京研究所の赤崎を訪ねてきたことがあった。二人の親交が、このときから始まった。（110頁写真下）

1970年、この研究所に就職した大木芳正（のち宇宙航空研究開発機構）は、当時の様子を次のように語っている。「入社したころ、あそこらへんは今ほど開けたところではなく、研究所へ行く道は山道みたいな、片側から木がしなだれかかってくるような道で、そこをバスで行くのですが、行ってみましたらその一角は見晴らしもよく、建物全体がとても気持ちのいい研究所だなと思いました」。

1972年、所内の異動で赤﨑グループに加わった大島正晃（のち半導体理工学研究セ

松下電器東京研究所時代の赤﨑ら－その１

上：研究所屋上からの風景
中、下：赤﨑研究室の人びとと赤﨑

松下電器東京研究所時代の赤﨑ら－その 2

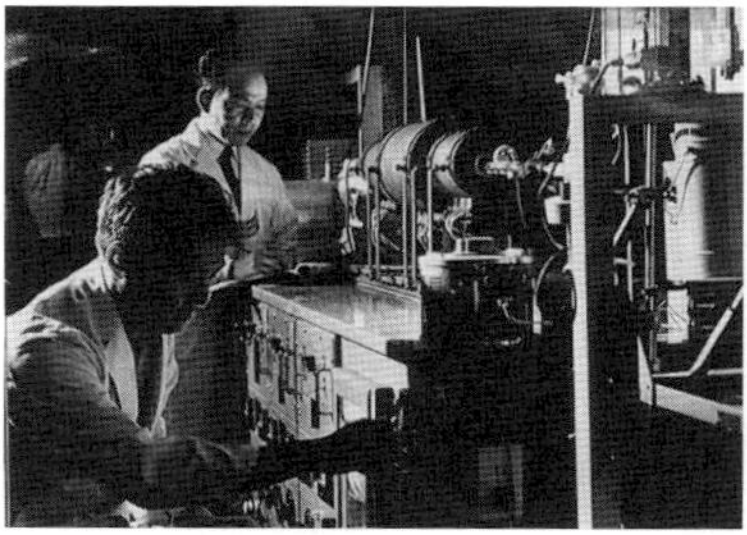

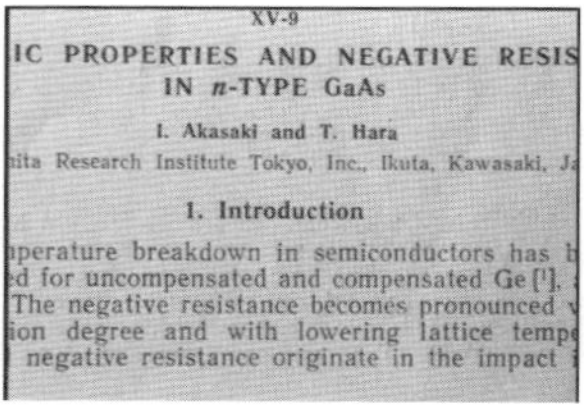

XV-9

IC PROPERTIES AND NEGATIVE RESIS
IN n-TYPE GaAs

I. Akasaki and T. Hara

hita Research Institute Tokyo, Inc., Ikuta, Kawasaki, Ja

1. Introduction

perature breakdown in semiconductors has b
d for uncompensated and compensated Ge [1],
The negative resistance becomes pronounced w
ion degree and with lowering lattice tempe
negative resistance originate in the impact i

上：原徹と赤﨑（1965年）
中右：半導体物理国際会議（1968年モスクワ）。気相エピタキシャル法によってヒ化ガリウム結晶の作製に成功したと発表
中左：その時の論文　下：研究所を訪れたピアソン博士と

ンター）の証言もある。「非常に自由な雰囲気だった。それなりの予算もあり、自由に結晶成長の設計ができる。そういう意味で理想的な研究所ではなかったかなと思います」。

自由な雰囲気につつまれた赤﨑研究室だったが、研究の面では厳しかった。赤﨑は、研究を研究だけに終わらせてはいけない。世の中の役に立つことが大切だと若い所員を叱咤し、研究の遅滞や弛緩を許さなかった。「ここは大学ではない」。そんな赤﨑の思いからであったろうか。

窒化ガリウムの結晶成長からランプまで

松下電器東京研究所時代に、赤﨑は、当時としては世界一明るく光る青色発光ダイオードをつくっている。

最初は赤﨑自身が手がけた。当時やっと認知されてきた分子線エピタキシー法（ＭＢＥ）（１２９頁の図）という方法で窒化ガリウムの結晶をつくりはじめた。そして、同時に、ある程度評価が出ている気相成長法（ＨＶＰＥ）（１２９頁の図）を使って、大木に取り組ませた。

最初の実験では1回だけ「そこそこのもの」が出来たが（大木の証言）、あとは泥沼状態がつづいた。石英反応管に真っ黒なかたまりが付着する。うまくできなかった基板で、もう一度使えそうなものを再使用して再度やってみる。

そういうことを繰り返していて大木が気づいたのは、再使用したときに限って比較的よい結晶ができた、ということだった。どうしてだろう？　窒化ガリウムの結晶は無色透明である。大木の立てた仮説は、肉眼では見えない「黒くなく、何も付いていないところ」に実は少しだけ窒化ガリウムが付いているのではないか。それがタネになって再使用するとそこにより大きな結晶が出来てくるのではないか、ということだった。よく調べてみると、その仮説どおりだった。

材料分野に限らず、実験の現場とはこういうものだろう。根気がいる、余人には真似のできない気の遠くなるようなことを、黙々と続けていくのだ。

可能性は「ゼロではなく1」

赤崎はのちに振り返って、「この頃が、『私の窒化ガリウム研究』にとってだけでなく、世界の窒化ガリウム研究・開発にとっての大きな岐路だったと思います」と語っている。（『青い光に魅せられて』）

赤崎は時間があると、大木らと一緒につくった窒化ガリウムの結晶を蛍光顕微鏡で観察していた。クラック（割れ目や裂け目）やピット（表面の小さな穴や窪み）など欠陥が多い結晶の中に、ごくまれに、とてもきれいな微小結晶を見出すことがあった。一瞬ひとみを凝らし、じっと見入る。そこには、少年時代からずっと続く鉱物（石）への尽きせぬ興味と同じ赤崎がいた。そして赤崎は確信を深めていった。「本当に小さな部分だけれど、きれいな微小結晶があるということは、窒化ガリウムもごく微小ではあるが、〝きれいな結晶〟ができることを示している。つまり、可能性は『ゼロではなく1だ』」と。この確信はやがて実を結ぶことになるが、そのためには、こうした気の遠くなるような実験をどれだけ繰り返しやっていくことになるのだろうか、何年かかるのか。そのことは、だれも分からない。まさに、第三章で紹介したT大学教授のことば「材料（研究）はアマゾン探検」なのである。

意図的にタネ付けをした基板を使うことでかなり改善された気相成長法による窒化ガリウム結晶づくり。赤崎はこの結晶を使って青色発光ダイオードを使ったランプの製品化を目指した（図4―1）。

しかし、このランプは機能のバラツキがまだ残っていたりしたので、日の目を見ることがなかった。赤崎はのちに回想で「けっこう明るかったのですが……フリップチップといってランプの構造としてそれまでのものに比べはるかに優れたものになっていたんですがね」と語っている。

残念な思いがすこしはにじみでているが、ショックはなかった。「むしろホッとした」と。本当のところは赤崎が実現したかったのは、ＭＩＳ構造ではなくもっと困難なｐｎ接合型のＬＥＤであったからである。そして、そのためには「結晶成長という研究の原点にもどっていけばよい」と一方で考えていたからである。

図4-1 MIS構造の窒化ガリウム半導体を使って青色LEDランプの製品化まで進めたもの。ランプの構造としてはフリップチップを採用している

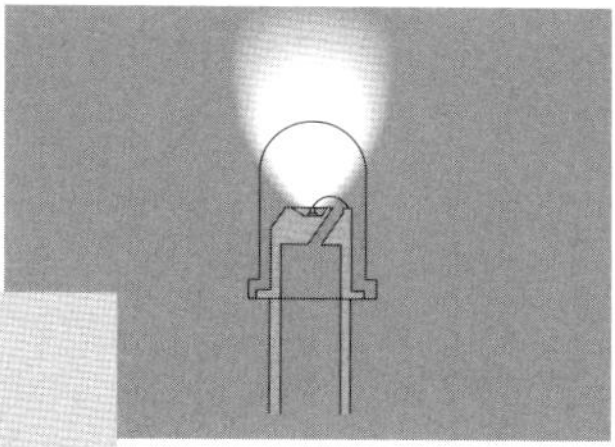

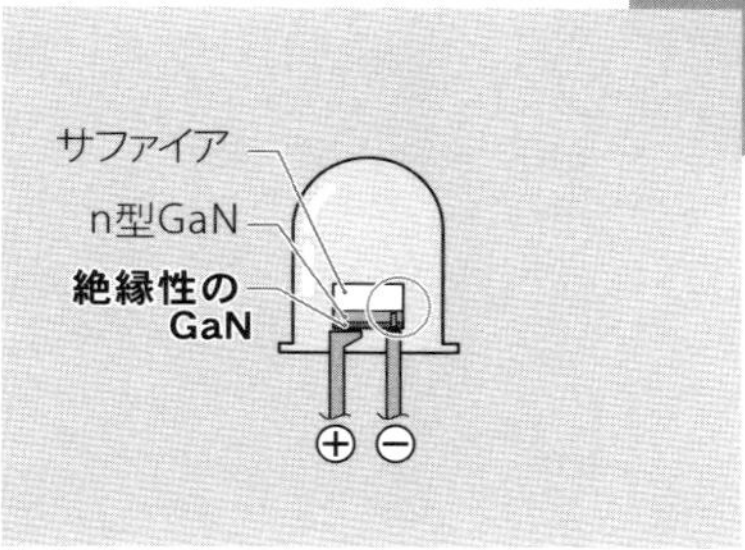

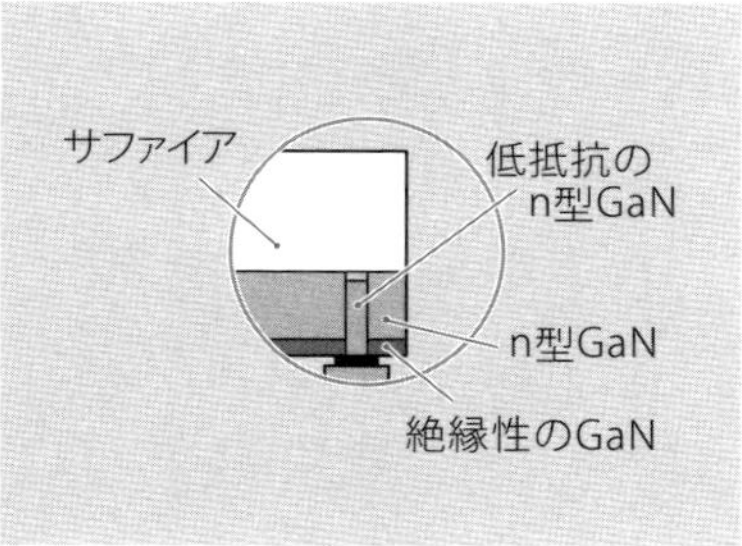

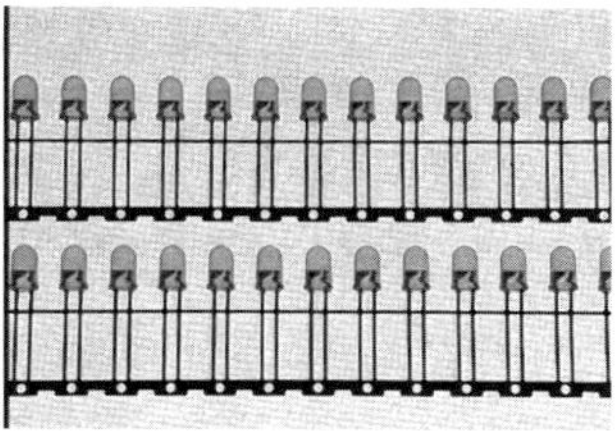

ところで、その、フリップチップのランプの中では、チップは裏返しに置かれている。光は透明なサファイアの基板を通過してランプの外へ出ていく。マイナスの電極は、結晶成長のときに同時に出来上がるような工夫がなされているので、量産のこともその設計のなかに織り込まれているすぐれものであったことは確かである。

このフリップチップ構造のＭＩＳ型青色ＬＥＤは、通商産業省（現・経済産業省）のプロジェクトの成果を実用化したものだった。それは、１９７５年から３年間の「青色発光素子開発」プロジェクトとして日本電気中央研究所の林巖雄（１９２２〜２００５年）とコンソーシアムを組んで進められた。赤﨑は「窒化ガリウムを使った青色発光素子の実現」、林は「ヒ化ガリウムによる青色レーザ開発」を提案していた。

未踏の荒野を行く

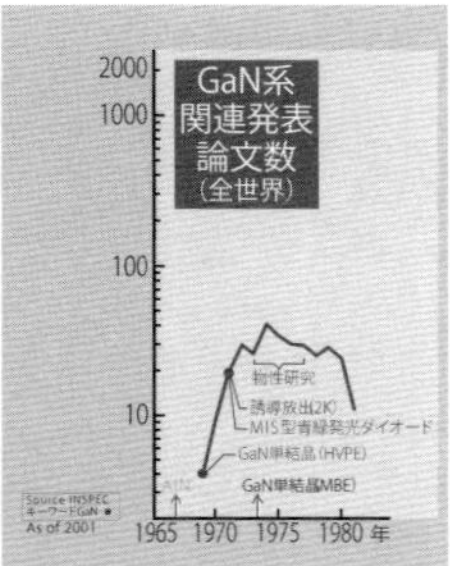

図4-2

こうした成果をまとめて赤﨑は1981年、日本で開かれた化合物半導体の国際シンポジウムで発表した。しかしまったく反響がなかったのである。

このときのことを赤﨑は繰り返し語っている。「我ひとり荒野《あれの》を行く」と。

1970年代、世界中の多くの研究者が、青色発光ダイオードは実現不可能なものとみなしていた。半導体研究の歴史では、そういう〝流れ〟になっていた（図4—2）。

組織としての松下電器東京研究所は1971年、松下技研に名前を変え大幅な組織変更を行う。1976年には定款が改定され、機械器具の製造販売など目先の収益重視を求めはじめた。1977年には、設立時からの社長で松下電器取締役の小池勇二郎が死去する。

赤﨑の研究する環境は大きく揺らぎ始めていた。

松下時代を振り返って
―1992年3月3日、名古屋大学での最終講義で使われた赤﨑作成のレジュメ

松下（1964～81）

古きよき時代（松下東研）　　そして・・・

・中研ブーム　（物性研　'57，プラ研　'64）
（東芝総研　'62，松下東研　'61～）
'62

■　Siか，化合物か　？　stoichiometry
（Ⅲ－Ⅴ）"magic crystal"

■　新しい（未踏）分野

▲　孤独に耐える　・・・　勇気　・・・

○　救いは，一歩踏み出すことだ　－　サン＝テグジュペリ　－

'Breakthrough'

■　結晶からデバイスまで　（物性研究）

□　大きな（長期）テーマと，小さな（短期）テーマ

原，有賀，橋本，小林，豊田，浅尾，
大木，小野，大島，松田，刈本，菊池，
浜谷，関根，志村，松木，森下，今村

図9

― 34 ―

第五章

青く光る半導体一路。困難な道のりと開かれた未来

17年ぶりに名古屋大学へ

古巣への帰還

赤﨑勇はその最終講義で「私のような放浪癖のある、しかも専門の定まらない人間を電気系の教授会でよくお迎えいただいた」と話している。

1964年から1981年まで、赤﨑勇が松下の研究所で化合物半導体の中でも窒化ガリウムに的を絞っていく研究に明け暮れていた17年間の間に、日本の社会は大きな変化が訪れていた。

高度成長は、これで終わったかと思われる65年不況を乗り越え、1968年にはGNPでドイツを抜いて世界第2位の経済大国になり、その後の列島改造ブームに引き継がれていく。そのとき大きな転機となる衝撃が「外から」襲ってきた。

1971年のニクソン・ショック：戦後のブレトン・ウッズ体制＝ドル体制（1ドル360円の固定レート）が崩れ、円が急騰

1973年のオイル・ショック：原油価格の上昇と物価の高騰

1979年の第二次オイル・ショック：再度の原油価格の上昇と物価の高騰

「外からやってきた」事態に日本の企業は大きな影響を受けることになる。経済や社会も大きく揺さぶられた。

赤﨑勇の松下の研究所での後半の時期は、研究そのものではない事柄への対処に費やされることが増え、相当厳しい状況であったと推量できる。「自由な研究」がますますしにくくなっていったのである。その背景はいま示した企業を取り巻く環境の大きな変動であり、松下電器の経営や組織の揺らぎである。

このあたりの事情は『青い光に魅せられて』に詳しい。要約すると、

1．松下電器自体の経営環境が悪化してきたこと。そのことの影響を受けて、1971

年、会社が「松下技術研究所」に組織変更され、近い将来の製品化が見込めない基礎的な研究の資金は自ら獲得するように、研究所の方針が大きく変わったこと。

2．1977年に小池社長が亡くなり、こうした変化に拍車をかけたこと。

3．会社上層部が、窒化ガリウムによる青色発光素子研究は「海のものとも山のものともつかない」と見ていたこと。

4．一方で「光プロジェクト」という国家プロジェクトが構想され、赤﨑はその立ち上げに関わっていた。それは「超LSI共同研究所」の後の大型国家プロジェクトだった。光通信の時代に先駆けて、光伝送に必要な長波長レーザなどの開発を主目的とするものだった。同じ〝光りもの〟であり、やりたい気持ちもあったが、赤﨑は「窒化ガリウムのpn接合による青色LEDの研究」を何よりも優先し、新しい結晶成長法での再出発を決心していた。

5．会社としての意向と赤﨑の〝わがまま〟が平行線をたどるなか、一方で赤﨑は、古巣の名古屋大学からもどってこないかとの誘いを受けていた。

実際に起きていた事態と赤﨑の決断の連続は、こんなに整理されたものですまされるものでは決してなかっただろう。決して生易しくない人生上の重大な決断は、重大であればあるほど「一言では答えようがない」とか、もしくは「そう決めたことが理由である」としか答えようがないものであるからだ。

助走なしのスタート

1981年52歳になった赤崎は、はからずも〝出戻りのように〟教授となって名古屋大学の古巣に帰ってきた。

赤崎を受け入れた側はどうだったのか。澤木宣彦（当時工学部電子科助教授のち工学研究科長・工学部長、現・愛知工業大学教授）の証言。

「松下で基礎はできていて、名古屋大学で何をやるか考えていらしたのでしょう。紙を一枚出され『これを学生さんに読ませてください』と言われた。そこに、ガリウムナイトライド（GaN 窒化ガリウム）と書かれてあった。私はそのとき初めてガリウムナイトライドというものを知りました」。

「ふつう新しく赴任されると、実験設備を整えることなどもあり研究を立ち上げるのに2～3年かかるのに、8月に赴任されて翌年3月で早くも結果が出ました。松下時代のマインドがそのまま名古屋大学に受け継がれたのでしょう」。

マインドとはこの場合、物事の進め方や研究への取り組み方（換言すれば一種のリーダーシップやマネジメントのこと）を指しているのであろうか。実験設備も使い慣れた松下時代のものを丸ごと移送した（赤﨑は、「減価償却ずみの」と断っている）。そしてターゲットははっきり、窒化ガリウムの高品質結晶作製である。

なぜ（他の化合物ではなく）、とても無理と言わ

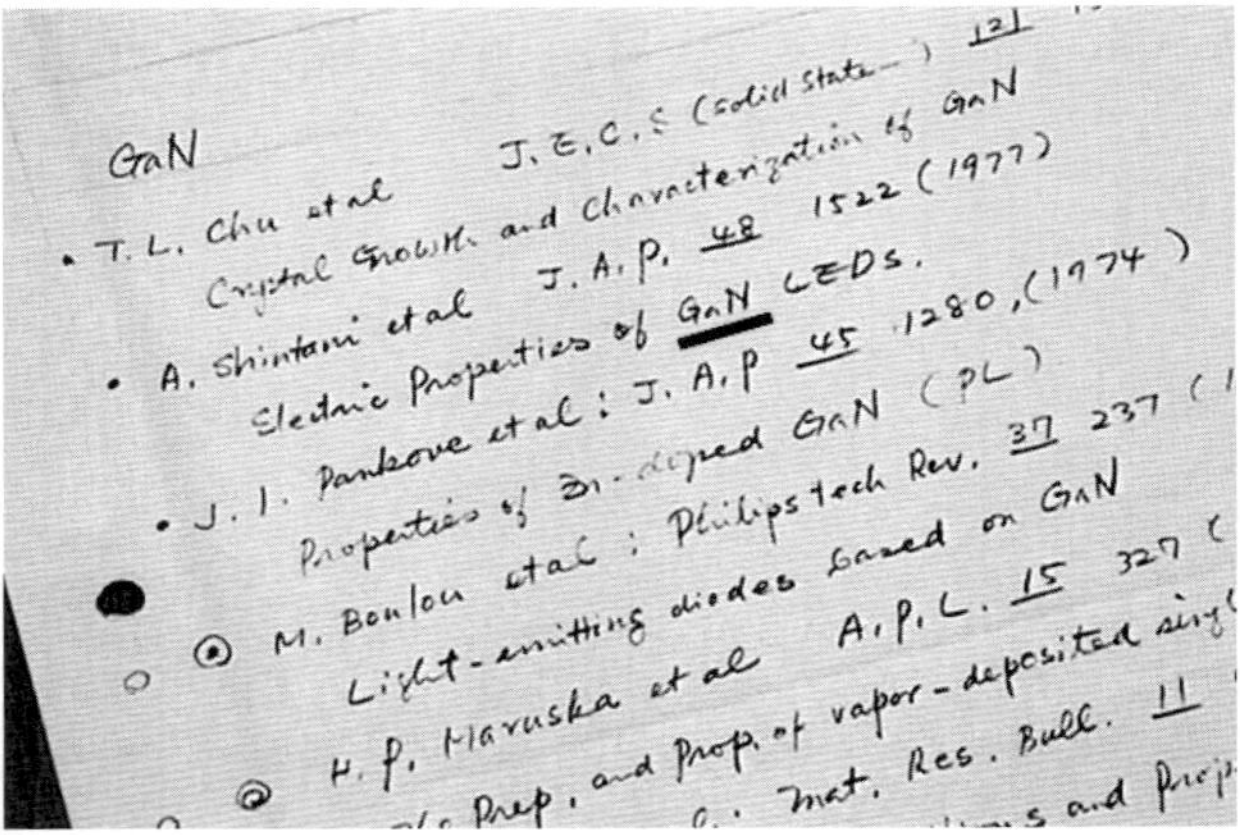

赴任前に、澤木宣彦に手渡された赤﨑からの１枚のメモ

れていた窒化ガリウム半導体にこだわったのか。赤﨑は答えている。「松下の研究所時代に営業担当者と開発担当者の会議があったとき、『コンシューマー製品はどこでどのような使われ方をするかわからないから、タフな（＝強靭な）材料やデバイスを使わないとだめだ』とたたきこまれていた」（『青い光に魅せられて』）と。

大学と企業を「渡り歩くようにして」たどってきた赤﨑の稀有な研究者行路も、世紀の発見に寄与しているはずである。

このようにして、「窒化ガリウムのｐｎ接合による青色ＬＥＤの研究」という鮮明な目標、周到な準備、支える体制（たとえば、大学にはふつう教授雑務がたくさんあるが、赤﨑はそれらの多くを〝免除〟されていたという）がそろい、名古屋大学での研究はスタートから加速されることになる。

なぜ窒化ガリウムが困難なのか

ここで、１９８１年当時の赤崎が取り組んでいた研究内容を改めて詳しく見てみよう。光デバイス用に研究開発が進められていた材料は発光波長ごとにいくつかにわたっていたが、青色は困難とされ、とりわけ窒化ガリウムは実現困難とみなされていた。このことはこれまで語ってきたとおりである。それは、次のような理由からだった。

窒化ガリウムという化合物は、ガリウム原子と窒素原子が（図５―１）のような形で立体的に結合している。この三次元の構造を二次元化してみると（図５―２）、六角格子を構成していることが分かる。このとき、２つの原子間の距離を「格子定数」という。

サファイアは窒化ガリウムの結晶を作るときの基板である。サファイアと窒化ガリウムの２つの結晶を六角柱に見立てると、格子定数の違いから２つの結晶の柱は図５―３のような関係になる。この２つを重ねると図５―４のようになる。

サファイアの上に窒化ガリウムの結晶を成長

図5-1

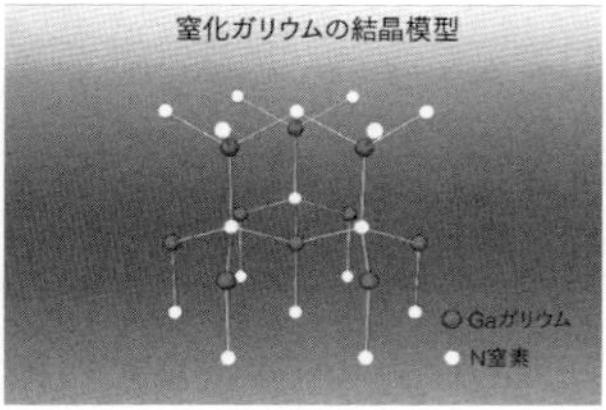

図5-2

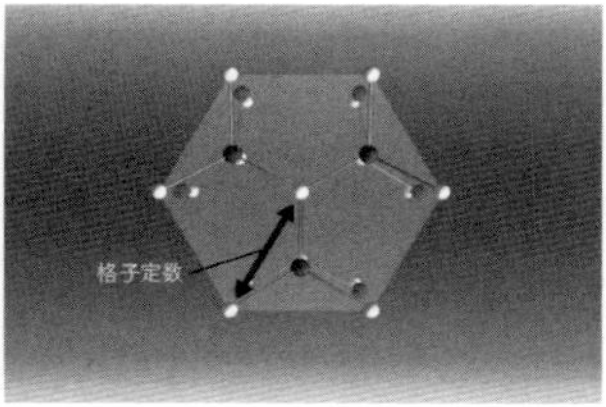

させるということは、このような格子定数が異なる結晶を積み重ねていくということにほかならない（図5―5）。

　このことを、できた結晶の顕微鏡写真で見てみると、写真5―1のようになる。窒化ガリウムの表面に亀裂が走り、ピットが開いている。これではとても高品質とはいえない。高品質単結晶の表面は、鏡のような均一な平面になる。

　サファイアと窒化ガリウム、この

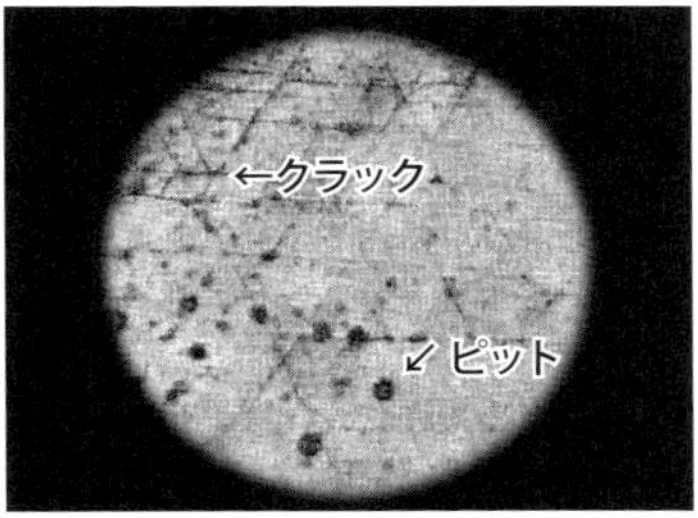

写真5-1 サファイア基板上の窒化ガリウム結晶(顕微鏡写真)

図5-3

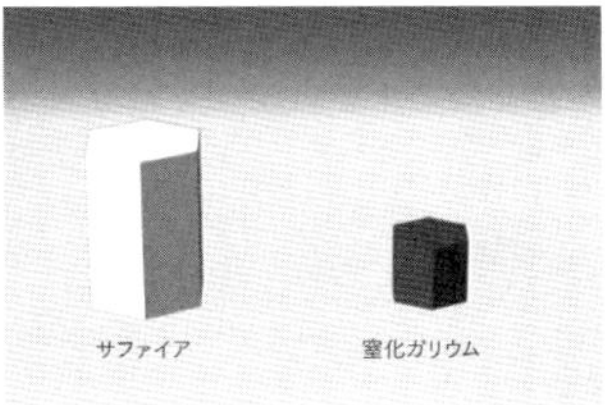

図5-4

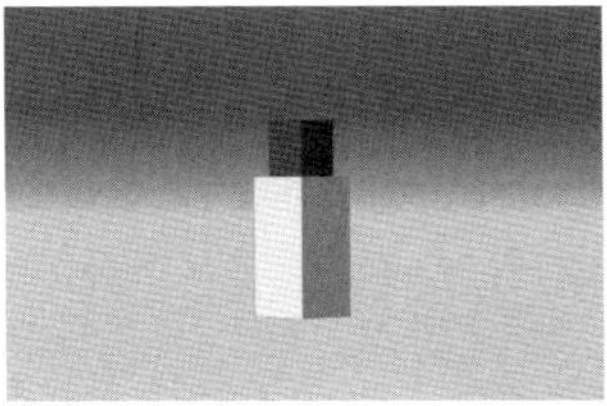

図5-5

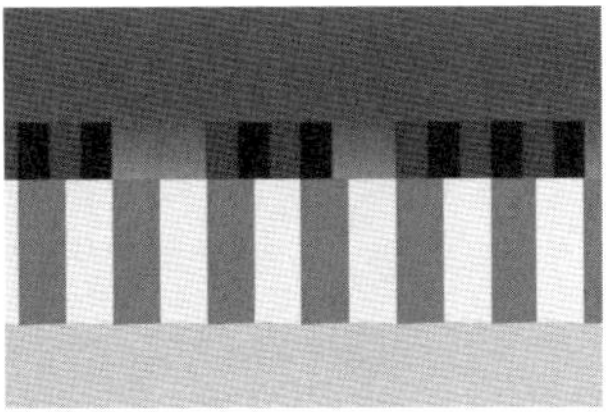

2つの「格子定数」の違い。この問題が一番の壁となって、赤﨑の前に立ちふさがっていた。その壁は、他の多くの研究者たちを窒化ガリウムからあきらめさせ、セレン化亜鉛など他の化合物半導体へとそのターゲットをシフトさせていったことになるぶ厚い壁であった。

結晶成長法

このことを、結晶成長法の面から見るとどうなるか。（129頁の図参照）

1．HVPE（Hydride Vapor-Phase Epitaxy 気相成長法）

この方法は、結晶成長速度が速いため制御がしにくい。また、一部可逆反応を起こすため結晶の品質にムラが出るのを防げない。

2．MBE（Molecular Beam Epitaxy 分子線エピタキシー法）

この方法で、赤﨑は松下時代に、初めて窒化ガリウムの単結晶を作っているが、MBEは超高真空中で行うため窒素蒸気圧が数万気圧も必要になり、窒素抜けを防ぐ特別な工夫

HVPE（気相成長法）

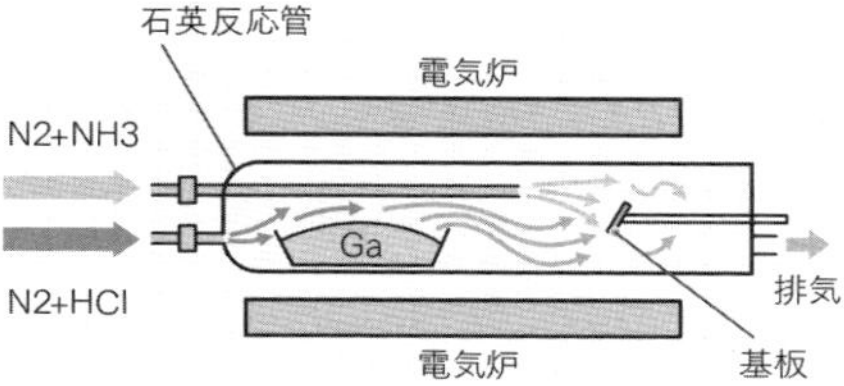

MBE（分子線エピタキシー法）【窓内】

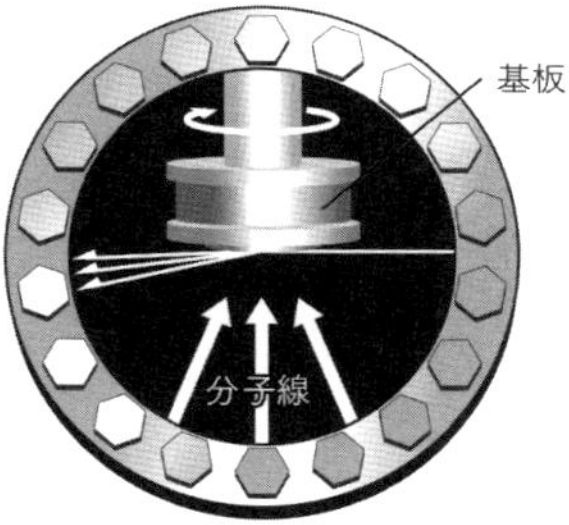

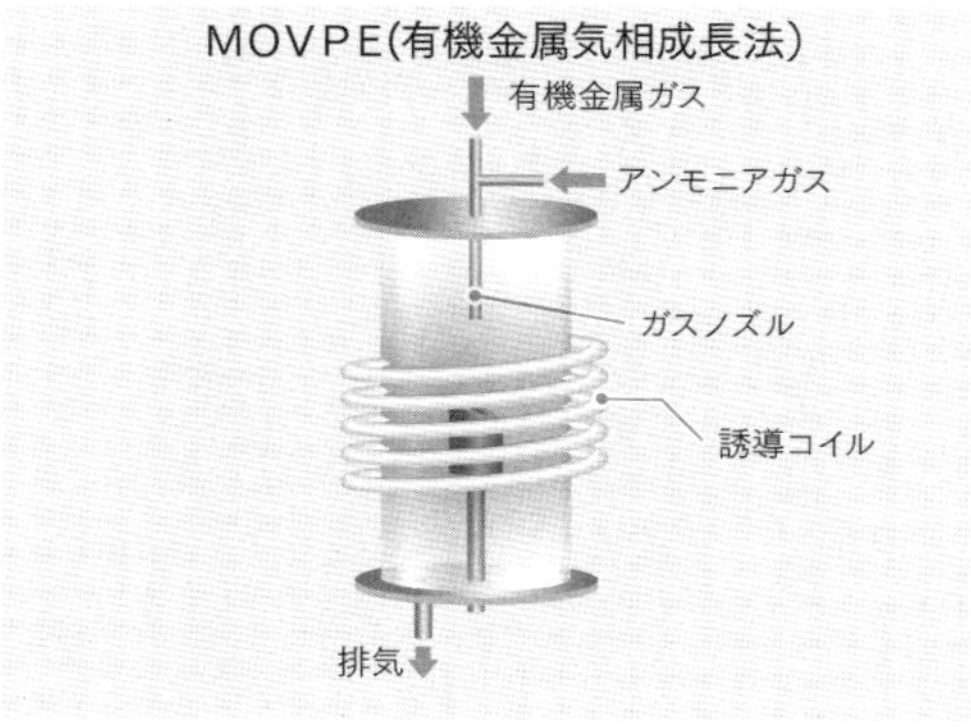

学生時代の小出康夫

学生時代の天野浩

をしない限り窒化ガリウムの結晶成長法として「適している」とはいえない。

　赤﨑は、こうした経験を積み重ねながら、「窒化ガリウムの単結晶成長に最も適しているのはMOVPEだ」とねらいを定めた。MOVPEは当時、ほとんど用いられていなかった。

MOVPE1号機

3. MOVPE（Metalorganic Vapor-Phase Epitaxy 有機金属気相成長法　MOCVDも同じ）

　この方法は、原料のガリウムと窒素を気体で供給する。2種類の気体原料をコントロールすることで、成長速度と混晶組成をコントロールできる。また、逆反応がない。このため、現在、高品質結晶を大量生産してい

二度目の名古屋大学時代の赤崎と澤木と赤崎研究室の学生たち

る工場では、MOVPEが採用されている。

赤﨑は名古屋大学に移ると、さっそくMOVPEに取り組んだ。工学部5号館に本格的なクリーンルームが造られ、赤﨑研究室がそこにいよいよ引っ越してくるというとき、赤﨑に命じられて最初のMOVPE装置を作り上げたのは、当時大学院博士課程1年だった小出康夫と修士課程2年だった天野浩だった。

小出の証言。「当時のMOVPEは手作りでした。フランジや流量計などは私が設計し、組み立てるのは天野君と一緒にやりました。ステンレスパイプを曲げたりつないだりして」。

天野の証言。「小出さんと僕が造った装置は完璧に出来上がりました」。

この1号機が、赤﨑の歴史的なブレークスルーとなる実験を成功させることになる。

壁を破った低温バッファ層と、赤﨑らのその後

鳶の如く鋭い目で

赤﨑の前に立ちふさがっていた壁が破られ、歴史に残る偉業への道を開くことになる実験が行われたのは、1985年のことだった。

赤﨑の郷里・鹿児島ではその頃、桜島の爆発が間欠的に続いていたが、そんなことを知ってか知らずか、赤﨑は「鳶の如く鋭い目で獲物を見つけ直ちに捕まえる様で、周囲を驚かせながら、あまりにも正確に、完璧に」（澤木宣彦の評）自分の研究を進めていった。

天野浩のこと

ここで、天野浩のことに触れておかねばならない。

筆者が赤﨑伝記番組の取材・撮影で名城大学を訪ねたのは2005年、今から9年前のことである。高校の職員室よりも狭っくるしく机が並ぶ一番奥（窓際）の席で、どこにいるのかとさがしていた天野教授（当時44歳）は、机上のモニターに対峙していた。場所を変えての打ち合わせが終わった。

「こんな飾らない先生に会ったことがない」それが、筆者の受けた第一印象だ。もうひとつは「師弟関係」に関して。「師のこと」を完全に飲み込んでいる「弟子」であった。つまらぬ詮索（取材というものにつきものだ）など入り込む余地がない。そのことはしばらくのち「なんだ、そういうことなんだ」と合点がいくことになる。

その頃、窒化ガリウム半導体研究に携わるさまざまな研究者と会っていたが、こんな話を複数の人から聞いた。「天野先生は普段はあんなふうですが、学会ではすごい。発表者は天野先生からどんな鋭い質問が飛んでくるかビクビクしているんですよ」。

なるほど、そうか。歴史的な実験からはすでに20年が経過していたのである。

今から考えると、取材時点から換算するとその20年前のことを調べていた筆者のその頃のアタマは、1985年頃学生であった天野らの楽しげな写真（コンパの時の）と一緒になって時が固着していたのである。目の前に、その学生の20年後の天野がいるというのに。

天野浩はすでに、その20年の間に天野自身の業績を次々と挙げていき、天野浩の城を築きあげていた。この本の「はじめに」で書いた、赤﨑を「イカダを操る人」に譬《たと》えるなら、天野はすでにして天野自身のイカダを操り、漕ぐ大研究者になっていたのであった。天野浩はそのイカダに乗って前方だけを見ていた。

1985年冬の窒化アルミニウム

さて、時間をもういちど今から30年ほど前の名古屋大学にもどすことにする。

1983年、工学部5号館に赤﨑研究室が引っ越すことになったとき、大学院の博士課程1年だった小出康夫と修士課程2年だった天野浩の2人が、この歴史的なブレークスルーとなる実験に使われた装置を製作したことは先に述べた。すでに赤﨑の薫陶を受けていた2人であった。

1985年の冬のある日、天野浩は赤﨑の指示のもと、サファイア基板の上に窒化アルミニウムの薄い膜を敷き、その上に高品質の窒化ガリウムを成長させた。それを再現させたのが137頁の5枚の電子顕微鏡写真である。

天野の証言「まずはじめに窒化アルミニウムの原料を入れ、その上に窒化ガリウムの原料を入れたのです。そうしたら小出さんのよりももっと綺麗なものが出来たのです」。

小出の証言「バッファ層の最適条件は天野君が見つけた。センスなんです、こういうのは。だから早かった」。

天野が語る。「炉から取り出してみると、なんだ、サファイア基板があるだけじゃないか。〝あれ、窒化ガリウムの原料を入れ忘れた〟と思いました。でも顕微鏡で見ると、結晶が出来ている。胸がどきどきして、なんともいえない感動に震えました」。「すぐに赤﨑先生のところへ見せに行きました」。

赤﨑はその日のことをのちに次のように語っている。(『青い光に魅せられて』)

――天野君のバッファ層の実験がうまくいったのは、電気炉の調子が悪かったときです。当時の赤崎研究室は〝不夜城〟だったため、装置を酷使しすぎたのか、あるとき故障して電気炉の温度が下がり、たまたま、私が提示していた低温条件になっていたのでしょう。考えてみれば、天野君は元日を除くほとんど毎日、MOVPE装置に火を入れ、すでに1500回以上の実験をしていたわけですから、いつ装置が故障しても、少しも不思議ではありませんでした。こうして、できあがった結晶を取り出してみると、表面がきれいにピカピカになっていました。（略）光の方向に向けて、表面の反射光を斜めから見てみると、虹のような七色の干渉色が表面に見えていました。――

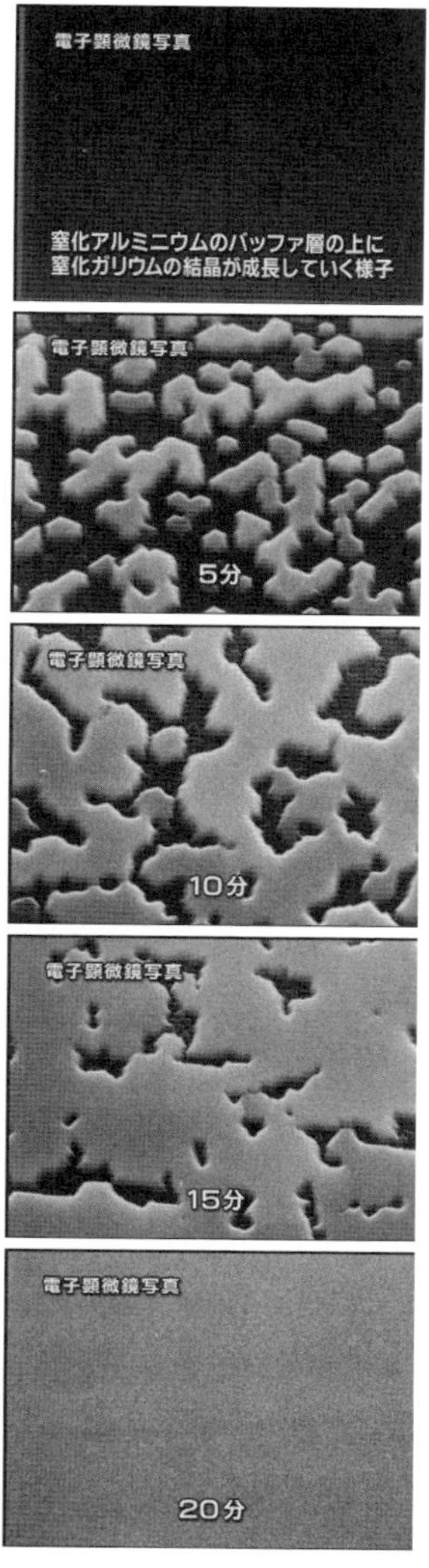

論文は翌1986年に発表された。

「低温バッファ層を用いた窒化ガリウムの高品質単結晶」が実現したのである。これが、「高輝度青色発光ダイオード」の開発にとって決定的なブレークスルーとなる。

ものごとの一面だけを知っている知識とは別の〈全体観をもった専門知〉、民間と大学を往復するように渡り歩くことで得た経験、そして何よりも、結晶成長へ注いだ「あきらめない」執念、魅いられずにはいられない結晶の美しさ……。そのようにこの赤崎の成功を評することが、ま

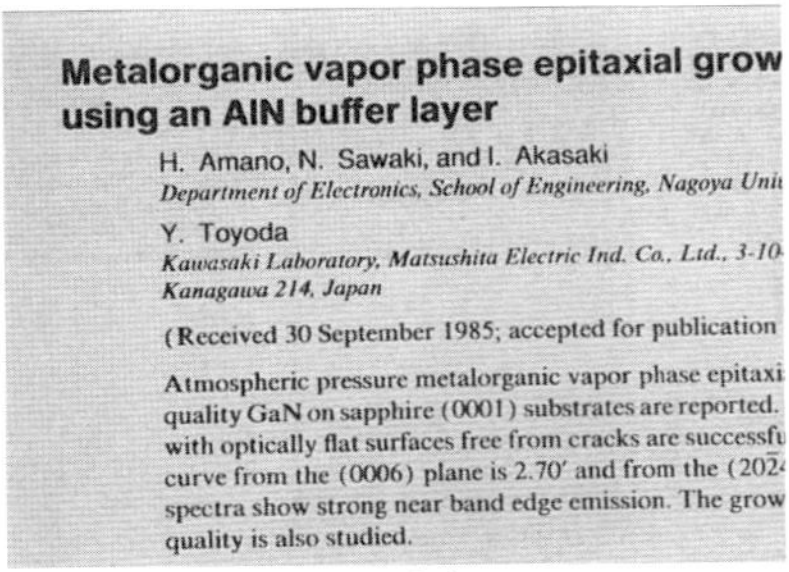
Metalorganic vapor phase epitaxial grow
using an AlN buffer layer

H. Amano, N. Sawaki, and I. Akasaki
Department of Electronics, School of Engineering, Nagoya Univ
Y. Toyoda
Kawasaki Laboratory, Matsushita Electric Ind. Co., Ltd., 3-10-
Kanagawa 214, Japan

(Received 30 September 1985; accepted for publication

Atmospheric pressure metalorganic vapor phase epitaxi
quality GaN on sapphire (0001) substrates are reported.
with optically flat surfaces free from cracks are successfu
curve from the (0006) plane is 2.70′ and from the (202
spectra show strong near band edge emission. The grow
quality is also studied.

1986年に発表された論文

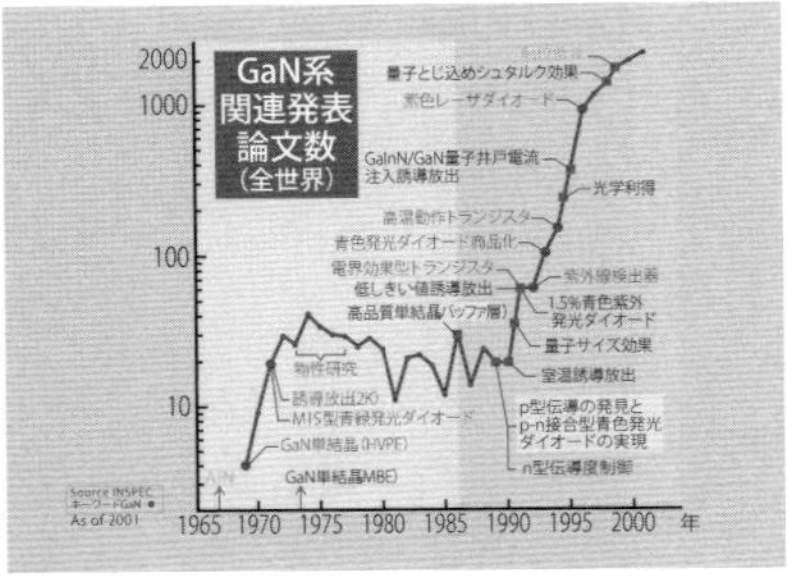

図5-6

ずはできるだろう。

劇的に論文が急増

赤崎らは勢いを得て、1989年のうちにp型伝導を発見し、続いてpn接合型青色発光ダイオードを実現した。これが青色発光ダイオード開発における第二のブレークスルーである。

図5―6は横軸が年代、縦軸は青色発光ダイオードの材料・窒化ガリウムについての論文数を示している。その縦軸が対数目盛になっていることに注意してこのグラフを見てみよう。

1990年には20件だったものが、2000年には2000件を超える数になっている。その劇的ともいえる論文急増のきっかけとなったのが、線で囲った2件の論文である。赤崎勇をリーダーとするチームが行った研究である。

この図のもつ意味について竹田美和氏（名古屋大学名誉教授）は解説する。「10件、20件の論文ならば1つのグループで書くことができるが、100件、200件となると国際的な学会が発表の場になる。2000件ともなると、大きな産業になっていることを示しています」。

このようにして「青く光る人工の石」が巨大な産業を生み出していったのである。

赤崎勇にとって、遥かな道のりであった。

佐藤文隆 京都大学名誉教授

京都大学基礎物理学研究所

物理学会が推薦

その後、学会、産業界を挙げて、赤崎の業績をたたえる行事がつづいた。

京都大学基礎物理学研究所

湯川秀樹が日本人として初めてのノーベル物理学賞を受賞したことを記念して1952年、京都大学理学部構内に湯川記念館が建てられた。これを前身として翌1953年に設立されたのが基礎物理学研究所である。初代所長を湯川が務めたあと、1970年以後の歴代所長は専門分野を素粒子論、または宇宙論・相対論とする学者が引き継いでいる。

筆者が制作した赤﨑勇の伝記番組にコメントをいただいた京都大学名誉教授の佐藤文隆氏（1938年～）は第三代目所長だった。専門は宇宙論・相対性理論。

筆者が京都大学を訪れ、この基礎物理学研究所で佐藤文隆氏のコメント収録が終わった後、佐藤氏は「『朝日賞』に物理学会が赤﨑さんを推薦したことを、赤﨑さんは本当に喜ばれていました。お礼を言いにわざわざここまでお見えになったくらいですから」と筆者に語った。

半世紀以上前、同じ大学でそれだけは必死にくらいついて勉強した覚えがある湯川秀樹の理論と物理学。その嫡流の学者たちが構成する学会が自分の仕事を認めてくれたのだ。そう赤﨑は思ったにちがいない。

1968年に、医学部の学生処分に端を発し全学化した東大闘争で全共闘議長になった山本義隆（1941年～）は、それまでこの京大基礎物理学研究所に国内留学中であった。だが、医学部で闘争が始まるや、踵を返して母校にもどった。将来を嘱望されていた物理学のホープは、アカデミズム研究者の道を断ち切ったのである。その後山本は、塾の講師を務めながら在野での研究を進め、ヨーロッパで近代科学が成立してゆく過程を究め尽くす作業を続けている。

1990年以降の赤﨑グループの挑戦（名古屋大学、名城大学）
出典：『青い光に魅せられて』（日本経済新聞出版社）

1990年以降の赤﨑グループの挑戦（名古屋大学、名城大学）		
領域		研究内容
[A]結晶成長		混晶を含む結晶のさらなる高品質と伝導性制御の研究★
[B]物性研究		量子サイズ効果の検証(1991)★
		AlGaN/GaN系、GaInN/GaN系のコヒーレント成長の発見(1997)★
		量子とじ込めシュタルク効果の検証(1997)★
		分極効果の制御に成功、無極性面/半極性面の存在予言(2000)★
[C]光デバイス（光りもの）	発光デバイス	室温かつ低入力によるGaNからの誘導放出(1990)★
		量子井戸デバイスによる電流注入誘導放出(338nm)(1995)★
		最短波長レーザーダイオード(350.9nm)(2004)
		最高効率340nm帯紫外ＬＥＤ(2008)
		疑似太陽光白色(2008)★
	受光デバイス	超高感度紫外線センサー(1999)★
		太陽光エネルギーを無駄なく電気エネルギーに変換する太陽電池
[D]電子デバイス（走りもの）		超高速トランジスタ、低消費電力インバーター実現のための基礎技術

世界初★
天野浩教授(現・名古屋大学)、上山智教授、竹内哲也准教授、岩谷素顕准教授および学生との(1990年以降の)共同研究の成果

２００１年の朝日賞に日本物理学会は赤﨑勇を推薦した。その当時日本物理学会会長であった佐藤文隆氏（京都大学名誉教授）は、ざっくばらんにこんなことを語っている。

「しらべてみると、赤﨑さんは、これこれこういう基礎研究を長い間なさっていて、青色発光ダイオードをつくった人だということが分かった。日本物理学会としては、基礎研究は20年～30年経ってから世間の役に立つこともあるんだと言ってきたので、そういう意味で、赤﨑さんに便乗して基礎研究の大切さをアッ

ピールできたことになります」。

赤崎勇はその後も、名城大学で後進の指導に当たりながら、〈結晶〉というものを見つづけ、〈自然と人工〉の間《あわい》に残されている未知を探求し続けている。そんな赤崎のことばが残されている。

——結晶は本来美しいものです。結晶の研究はその結晶のハビットの美しさに惹かれ、見ること、観察からはじまる。それが次第に〝制御〟する方向に向かうわけです。作る方では〝Art and Science〟だと言われています。完全な〝Science〟じゃないんですね、まだ。最近、MBEやMOVPEとかさらにALEというようなことになって、だいぶ〝Science〟(私はScience and Technology〟だと思っているんですが)に近づきつつありますが、まだ完全じゃない。実際には結晶成長における〝Science and Technology〟これを完成させなければならないのです。(名古屋大学での最終講義から)——

1992年3月3日、名古屋大学での赤崎勇最終講義で、締めくくりに使われた赤崎作成の図

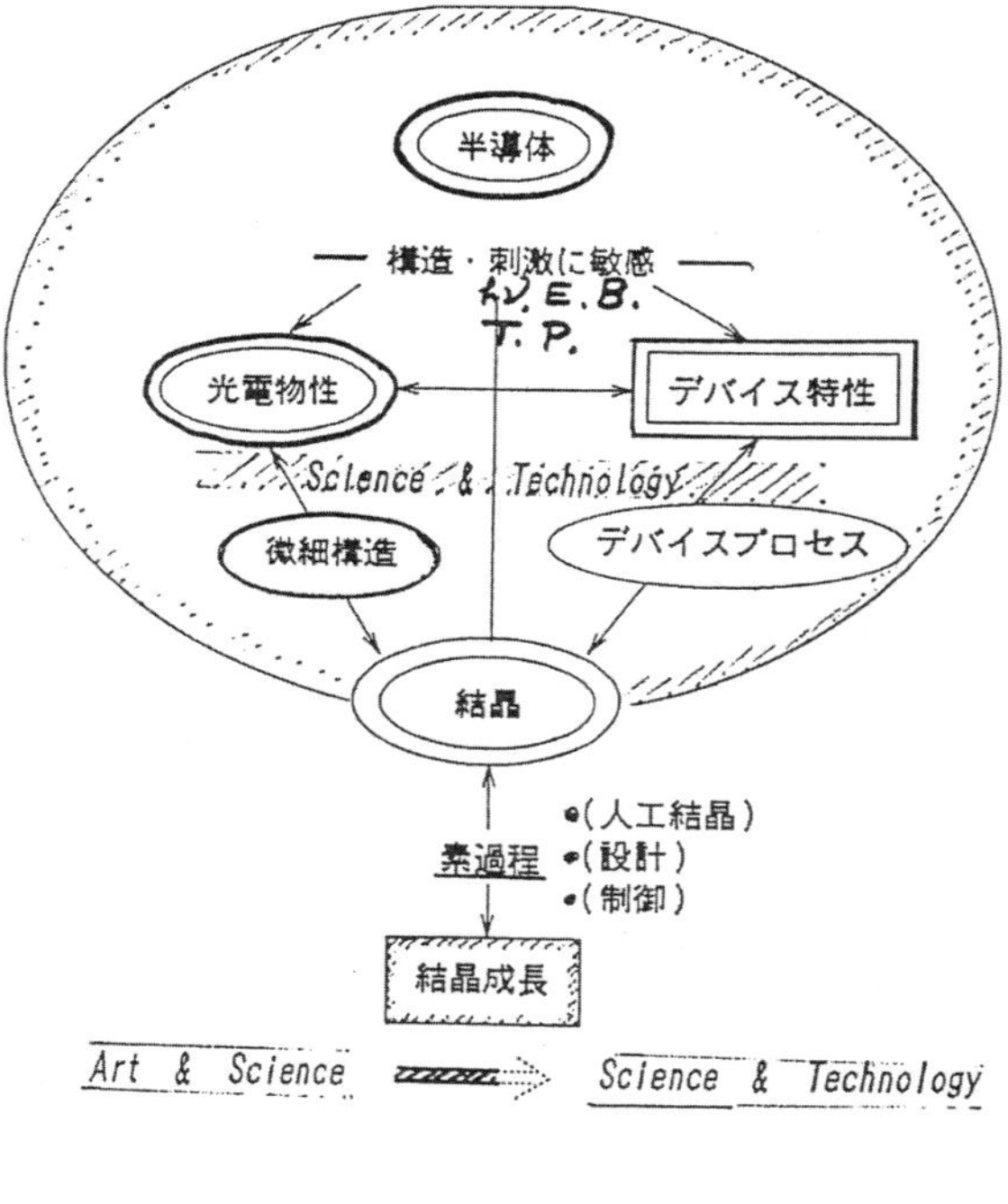

図15

— 49 —

第六章　赤﨑勇と中村修二と天野浩

「希望について」

赤﨑勇は名古屋大学を退官するにあたっての記念の最終講義の終わりを、三木清の「希望について」という文章朗読で締めくくった。

——希望について　三木清

人生においては何事も偶然である。しかしまた人生においては何事も必然である。このような人生を我々は運命と称している。もし一切が必然であるなら運命というものは考えられないであろう。だがもし一切が偶然であるなら運命というものはまた考えられないであろう。偶然のものが必然の、必然のものが偶然の意味をもっている故に、人生は運命なのである。

希望は運命の如きものである。それはいわば運命というものの符号を逆にしたものである。もし一切が必然であるなら希望というものはあり得ないであろう。しかし一切が偶然であるなら希望というものはまたあり得ないであろう。

人生は運命であるように、人生は希望である。運命的な存在である人間にとって生きていることは希望を持っていることである。――


赤﨑勇の源流をたどる旅もそろそろおしまいに近づいてきた。ここでは、赤﨑勇と中村修二と天野浩という人とそれぞれの関係の仕方についての私見を述べる。

ひとつのマラソンレースの譬え

ひとつのマラソンレースがあった、と考えてみる。

このレースにはたくさんの人とお金がすでにつぎこまれていた。ほんとうの観客は未来にしかいない、そういうレースだ。ランナーたちが競技場の向こう正面あたりに入ってきて、鉦《かね》や太鼓をたたく人も現れて一時競技場は賑わったが、第3コーナーを回ったあたりからランナーは赤﨑と数える人しかいなくなった。準備体操もそうそうに天野浩が赤﨑チームの一員に加わった。赤崎は天野の助けも借りて重大な障害を乗り越え、「これで第4コーナーを回ることができた」と確信した。ゴールが見えたのである。そう確信した直後にどこからともなくそれまでのランナーとはタイプのまったく異なる中村修二が現れ、レースは2人だけのものとなった。そしてゴール。判定はつかない。2人が走っていたのは〝別の競技場〟だったからだ。〈ゴール〉も違っていた。そもそも2人の間に共通のルールがない。そういうお話である。

もうひとつ大事なこと。向こう正面にいたランナーや鉦や太鼓はどうなったのか。その〈競技場〉に見切りをつけて、かねてから考えていた別のコース一本にしぼり、やはり鉦太鼓つきでゴールを目指した。ただしすでに目指すゴール自体が彼らと赤崎とは違っていたのである。鉦太鼓一緒組と赤崎らとはコースもゴールも違うレースをすることになった。前者をAとしよう。後者をBとしよう（その中に中村修二も入る）。Bのなかの赤崎は愚直にも青色発光品質の向上を目指していた。そのための一番よい化合物に執着し、結晶をもっときれいにつくろう、と。期限もない。どこがゴールかも（ほんとうのところは）分からない。そういうレースを続けている。敢えて言えば「独り相撲」に近いかもしれない。赤崎にとってほんとうのレースがあるとすれば、それは「発表論文」上で競われるレースであったかもしれない。競技場にもどろう。そうして、ゴールにあるべき同じテープもあるのかどうか、そのゴールがどこにあるのかさえよく分からないようになってしまったレース。ホームストレッチに入ってから、一挙にスピードを上げた中村修二がゴールした。赤崎もゴールした。

そういうお話である。ではAはどこで何をしていたのか。彼らも必死に走っていた。自分たちのルールにのっとり自分たちが新たに設けたゴールに向かって。それがBのゴールとそちらに新しく集まった大きな鉦や太鼓で消し飛ばされてしまったのである。

この鉦や太鼓を駆動させているものを〈市場〉と呼ぼう。中村修二に太っ腹ぶりを見せて開発費とアメリカ留学の決裁をただちに下した徳島の中小企業のオーナー（故人）は、ただの太っ腹であったわけではないはずだ。〈光の3原色〉と来るべき〈新しい市場〉を見ていたのではないか。この会社は何を隠そう、もともと蛍光体メーカーであった（第三章で言及）。〈黄色の蛍光体〉と発光ダイオードの〈青〉がこうして、携帯電話のバックライトとしてみごとに重なっているではないか。今から見ればそんなふうに見えてきやしないだろうか。

青色発光ダイオードをめぐるたたかいは、誰も予想し得なかった携帯電話という、突然出現しあっという間に普及したこの電子通信機器の出現によって、こうして決着をつけられることとなった。〈市場〉というものの無慈悲さがそうさせたのだ。

結晶自身が新たに語ってくれる

赤﨑の〝弟子〟ともいえる平松和政（三重大学大学院工学研究科教授）は、赤﨑最終講義録への寄稿文で次のように記している。

――当時半導体の理論研究に打ち込んでいた私は、他人の作った半導体結晶のデータに基づいて考えていたに過ぎませんでした。しかし、テーマを結晶づくりに変えることにより、先生のご教示の極めて深い意味が分かるようになりました。半導体の結晶成長は、炉内に基盤を入れ、ある成長温度に昇温し原料を基板上に堆積させて行います。しかし、結晶成長は非常に複雑な条件の下で行われるため、光学的にも電気的にも満足な半導体を作製することはなかなか困難であります。このため、先生も最終講義で言われていましたが、炉から結晶をとりだすときのあの感激は経験したものでしか分からないと思います。作製した結晶をじっくり顕微鏡でながめているだけでも楽しいものですが、それを色々な角度から評価していますと、ときには理論的にはとても予測のつかない新しい現象とか機能を発見させられることがあります。結晶自身が新たに語ってくれているようです。――

たしかなことは、赤﨑勇、中村修二、天野浩も、まったく同じ震えるような感激と宇宙の神秘に出会ったような不思議な体験をしてきたことである。

実験室から量産化へ)　　[ランプ]　　[広範な展開]

ード

光ダイオード

青色光源
・信号機、街頭ビジョン
白色光源
・携帯電話のバックライト

体レーザーなどへ

紫外検出器、高周波高出力デバイスなどへ

赤崎勇の研究開発史マップ
※筆者が赤崎勇の伝記番組制作中に作成したもの

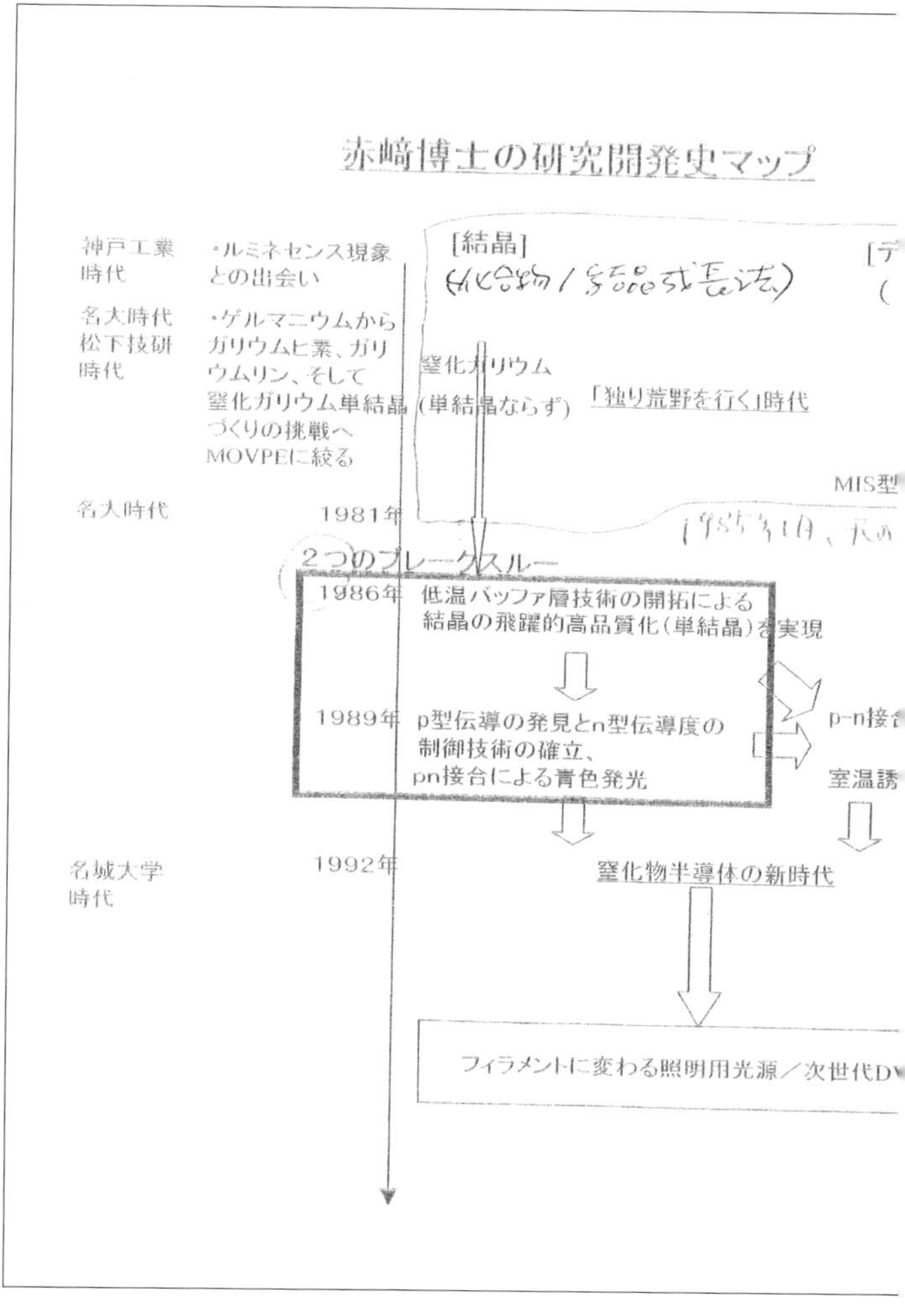

赤﨑勇（あかさき・いさむ）　1929年鹿児島県生まれ。1952年京都大学理学部化学科卒業、神戸工業（現富士通テン）入社。名古屋大学工学部、松下電器東京研究所を経て、1981年名古屋大学工学部教授。1989年窒化ガリウム（GaN）の青色発光ダイオード（青色LED）を開発。1992年名城大学理工学部教授。2001年に中村氏とともに朝日賞、2002年に天野、中村両氏とともに武田賞、2009年に京都賞を受賞など。赤﨑氏は、それまでの低輝度しか実現しない化合物による青色LEDではなく窒化ガリウムGaNに着目。世界初の高輝度青色LEDの開発に成功した。

赤﨑勇、中村修二、天野浩の経歴と業績
（編集部まとめ）

中村修二（なかむら・しゅうじ）1954年愛媛県生まれ。1997年徳島大学工学部電子工学科卒業。1979年徳島大学大学院修士課程修了。同年日亜化学工業入社。1994年博士（工学）号取得。1999年日亜化学工業を退社。2000年からカリフォルニア大学サンタバーバラ校教授。1996年仁科記念賞、2001年赤﨑氏とともに朝日賞、2002年赤﨑氏、天野氏とともに武田賞、2012年米エミー賞受賞など。青色LEDの実用化において、中村氏は量産化技術とその制御条件を明らかにし、世紀の大発明としての新光源の普及に先鞭をつけた。

天野浩（あまの・ひろし）1960年静岡県生まれ。1983年名古屋大学工学部電子工学科卒業。大学4年から赤﨑勇氏の研究室に入った。1989年工学博士号を取得。1992年名城大学理工学部講師、1998年同大学理工学部助教授、2002年同大学理工学部教授。2010年から名古屋大学大学院工学研究科教授。2002年武田賞を赤﨑、中村両氏とともに受賞など。欠陥のない結晶構造のGaNデバイスを作るために粘り強く研究を続け、自作のMOVPE（有機金属気相成長法）装置で「バッファ層」による高輝度青色LEDの作製法を開発した。青色LED実用化に果たしたその後の貢献も大きい。

解説

青色発光ダイオードと半導体レーザ（編集部）

I　半導体レーザ（LD）と発光ダイオード（LED）の違い

半導体レーザ（Laser Diode）は、発光ダイオード（Light-Emitting-Diode）と極めて近い関係にある。半導体レーザは、発光ダイオードの成功なくしてはおそらく実用化しなかったであろう。

発光ダイオードの開発は、半導体レーザの有用性が認められるようになって以降、転用が多分に意識されるようになった。レーザは20世紀最大の発明と言われ、その応用分野はミクロンオーダの長さの計測や、光ファイバー通信、レーザプリンタ、高温加工熱源、CD／DVD／BDなどの光源として非常に大きな拡がりを持った。そのレーザに半導体によるレーザが使われ出して大きなマーケットに成長した。

青色発光ダイオードは、ｐｎ接合型のものが開発される前に、ＭＩＳ（Metal-Insulator-Semiconductor）型のものが開発されていた。しかしながら、このタイプのものが受け入れられなかったのはＭＩＳでは半導体レーザへの転用がきかなったからである。

レーザディスクの世界でも、赤外半導体レーザを使ったＣＤの開発以降、大容量のＤＶＤを開発するために赤色半導体レーザを使い、さらなる大容量のブルーレイディスク開発のために青色半導体レーザの開発が待たれていた。ｐｎ接合方式による青色発光ダイオード完成の目途が立たない限り、実用的なブルーレイディスク装置は日の目を見ることはなかった。

半導体レーザと発光ダイオードの違いは、発光ダイオードをレーザ発振できる構造にしているかそうでないかの違いによっている。

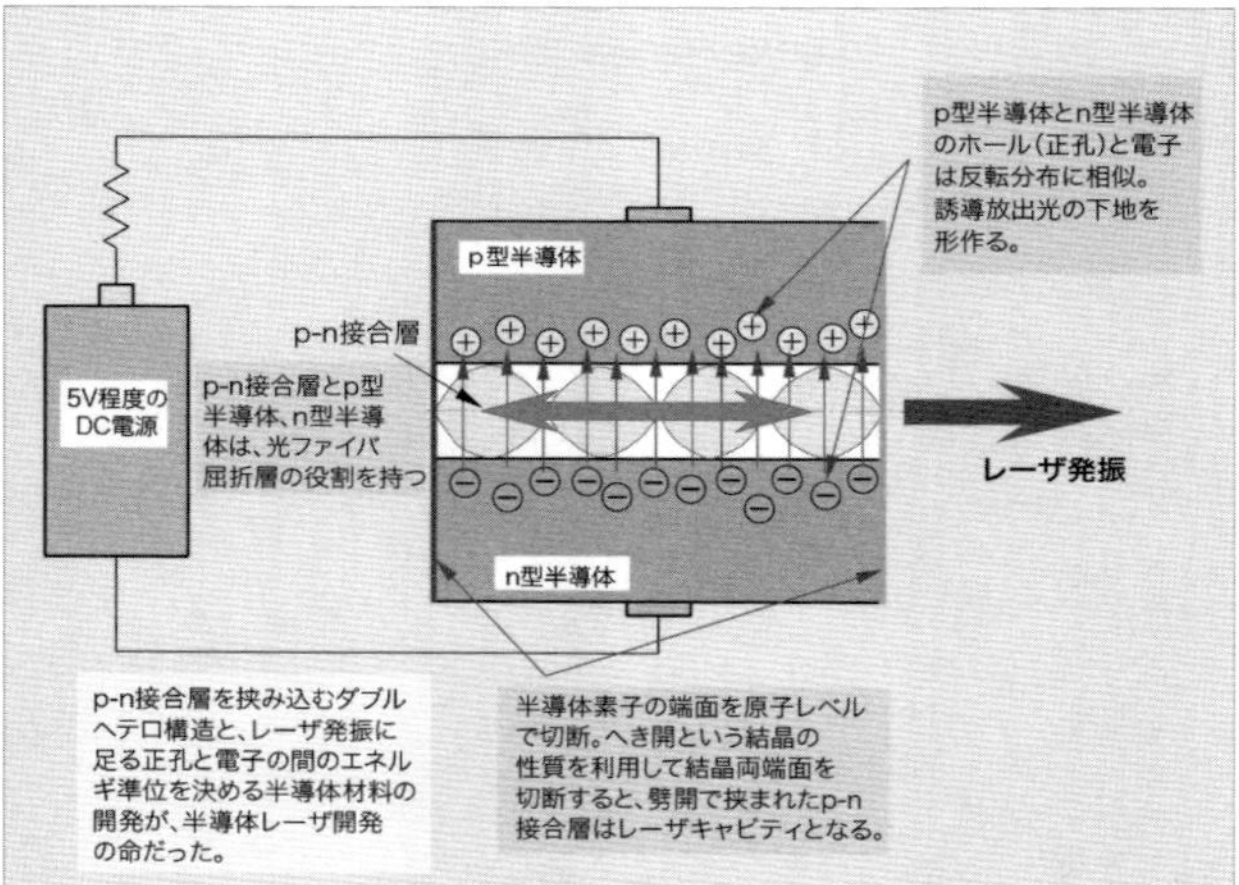

半導体レーザの発振原理

II　半導体レーザ（LD）と発光ダイオード（LED）は兄弟

半導体レーザの構造を見ると、発光ダイオードと全く同じ材料を使っているのがわかる。発光ダイオードができた同じ年、1962年に半導体レーザの発振が成功している。レーザの発振に成功したのは、可視光の発光ダイオードを発明したニック・ホロニアックを含めた4研究機関であった。

開発当初の半導体レーザは、発光ダイオードと違って普通の温度環境では発振できず、素子を77K（セ氏約マイナス200度、液体窒素冷却）の低温に冷やさなければならなかった。また、当時の半導体レーザは、連続で発振することもできず、単発のパルス発振であった。休み休みの発振であった。発振が成功した当時の半導体レーザの組成は、GaAs（ヒ化ガリウム）を用いたホモ接合であった。これは発光ダイオードと同じ構造である。

半導体レーザは、それを正しく動作させる場合、熱雑音をいかに抑えるかが宿命的課題になっている。熱の影響で電子が思うようなふるまいをしてくれないため、素子を冷やして熱雑音を抑える必要があった。また、連続で発振させると当然素子の温度が上がってくるので、こうした熱対策も必要であった。常温で発振させるためには、熱雑音に関係ないくらいのエネルギーギャップのとれる半導体材料を使う必要があり、その材料開発が待たれていた。

Ⅲ　半導体レーザの構造

半導体レーザの開発は、発光ダイオードの開発と歩調を合わせて素材選びを模索し、同じタイムテーブルで赤外発振から赤色域、青色域へと開発が進められた。

半導体レーザではレーザ発振を行うために発光ダイオードとは形状が異なり、発光面の両端を「劈開《へきかい》（＝結晶面に沿って結晶を割り鏡面を作る）」処理して、レーザ発振条件を満たしている。また、光の増幅を行う半導体結晶の中心部（活性層）で光を全反射させて外にもれないような構造、つまり光ファイバーのように活性層とクラッド層双方の屈折率を変えた構造になっている。この全反射構造（光の閉じ込め）にダブルヘテロ構造はまことに都合が良いものであった。発振キャビティ構造以外は、発振波長も取り扱いも発光ダイオードとほとんど同じで、発光ダイオードの良い所を引き継いでいる。

半導体レーザは、構造上、レーザ発振を司るキャビティを長く取ることができないため、発振した光は平行に進まず、20～40度の範囲で拡がる。レーザといえばどこまでも一直線の糸のように延びる光を連想するが、半導体レーザは拡がってしまう。銃長の長いライフルと短い短銃の飛距離と直進性を想像すれば理解が早い。半導体レーザ光の拡がりは、通常は楕円形状で、水平角８度、垂直角30度程度の拡がりとなっている。レーザの発振領域（出力窓）は、２～10μmと小さいために点光源と見なすことができ、コリメータレンズを挿入すれば平行ビームを得ることができる。レーザポインタは、半導体レーザにコリメータレンズを組み合わせたもので、３mほどの位置を指し示すのに都合良くできている。

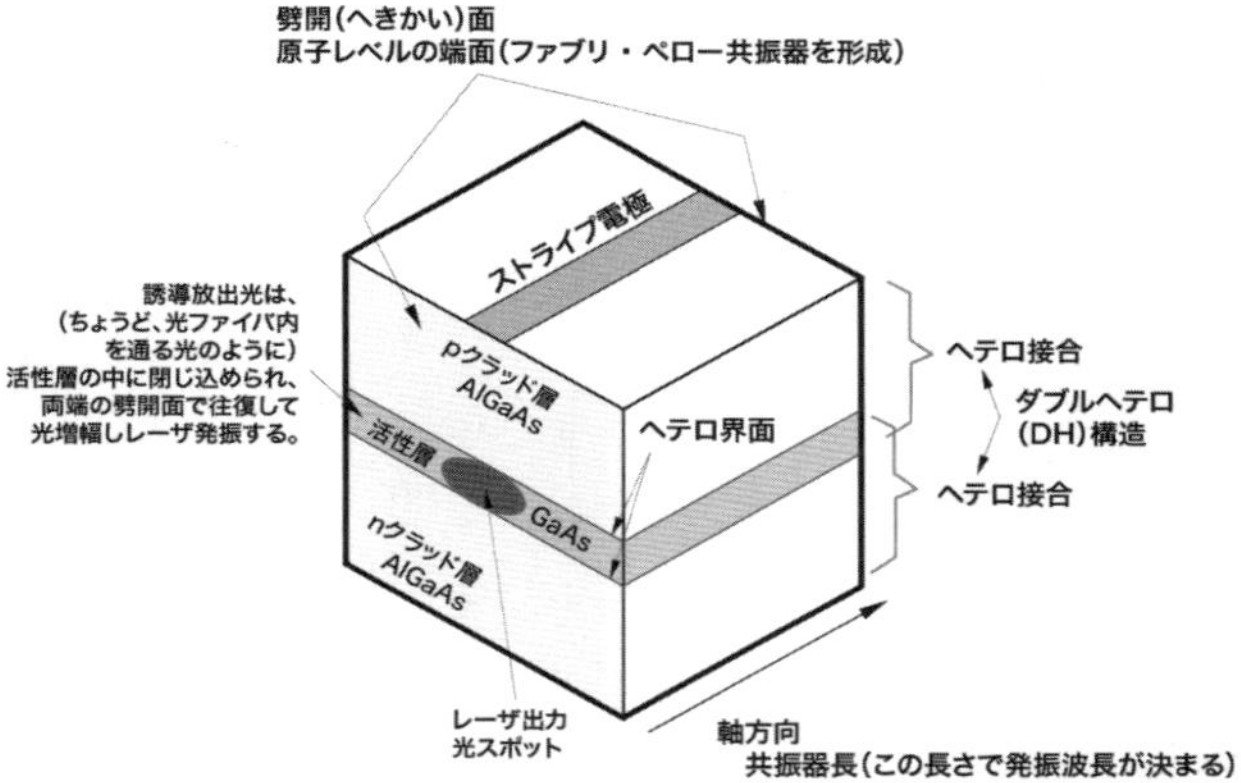
劈開(へきかい)面
原子レベルの端面(ファブリ・ペロー共振器を形成)
ストライプ電極
誘導放出光は、
(ちょうど、光ファイバ内
を通る光のように)
活性層の中に閉じ込められ、
両端の劈開面で往復して
光増幅しレーザ発振する。
pクラッド層
AlGaAs
活性層
GaAs
nクラッド層
AlGaAs
ヘテロ界面
ヘテロ接合
ダブルヘテロ
(DH)構造
ヘテロ接合
レーザ出力
光スポット
軸方向
共振器長(この長さで発振波長が決まる)

第七章

特許をめぐる裁判

中村修二対日亜化学の裁判

青色ＬＥＤ（青色発光ダイオード。以下同じ）に関連する裁判としては、日亜化学工業元社員の中村修二が同社を提訴した青色ＬＥＤ訴訟、いわゆる「４０４訴訟」と、日亜化学工業が同社特許に抵触するとして豊田合成を提訴し、豊田合成がそれに対抗する形で日亜化学工業を提訴した裁判のふたつがよく知られている。このうち「４０４訴訟」（「中村裁判」とも呼ばれる）は赤崎や天野たちとは直接関わらないが、簡単に触れておこう。

すでに述べたように、窒化ガリウムを用いた高輝度の青色ＬＥＤ開発は、その基礎技術の大部分——単結晶窒化ガリウムやｐ型結晶・ｎ型結晶の作製技術、ｐｎ接合の窒化ガリウムＬＥＤ——は赤崎と天野たちのグループによって実現された。それらの技術を用いて青色ＬＥＤを製品化したのが日亜化学工業であり、同社は現在、青色ＬＥＤのリーディング・カンパニーである。

中村修二は日亜化学工業在職時に当時の社長小川信雄の支援を受けて、窒化ガリウム系化合物単結晶膜の製造に利用できる「ツーフローMOCVD※技術」を発明した（中村が窒化ガリウム単結晶膜の作製に成功したのは1991年だが、赤崎と天野のグループは1985年にMOVPE※装置を使って成功させ、86年には論文を発表している）。これが通称「404特許」である。

※原料として有機金属やガスを用いた結晶成長法で、MOCVD、MOVPEどちらも同じ「有機金属気相成長法」技術のことである。本書では結晶成長という観点を重視してMOVPEで本文を記述している。

2001年8月、中村はこの特許権帰属確認を、後には200億円の譲渡対価請求を求めて日亜化学工業を提訴した。2005年1月、裁判所が和解を促し、日亜側が中村に8億円余りを支払うことで両者は和解した。なお、日亜化学工業は404特許ではなく、「アニールp型化現象」が量産化の鍵であったと主張し、本訴訟中に404特許を「量産には必要のない技術」だとして無価値であることを陳述し、２００６年2月にはその特許権を放棄している。

日亜化学対豊田合成の裁判

一方、赤﨑が名古屋大学で研究していた１９８７年、新技術開発事業団（現・科学技術振興機構〔ＪＳＴ〕）の事業として、豊田合成株式会社と名古屋大学との産学連携による青色発光ダイオード研究開発プロジェクトが始まった。当時、同社は半導体技術や結晶技術を持っておらず、赤﨑の側も当初はｐ型の実現が焦眉の課題だったが、共同開発は１９９５年10月、豊田合成からの高輝度青色ＬＥＤの発売という成果を生み、成功裡に終わった。この日亜化学工業と豊田合成との間で、青色ＬＥＤなどをめぐる約40件にも上る一連の特許係争が繰り広げられた。和解時の豊田合成の発表は次の通り。

——豊田合成株式会社（略）と、日亜化学工業株式会社（略）とは、２００２年9月17日、青色発光ダイオード（ＬＥＤ）に代表されるⅢ族窒化物系半導体の技術について、互いに相手方が所有する全ての特許権等を尊重し、両社間で約６年にわたって繰り広げられたすべての訴訟等を終結させ、かつ将来における新たな係争を予防ないし適切に解決することについて下記の内容を骨子とする和解合意書を締結いたしました。

青色発光ダイオードは、世界的に見て名古屋大学工学部の赤﨑勇教授（現・名古屋大学名誉教授、名城大学教授）の先駆的かつ基本的技術がベースになって開発されて参りました。豊田合成は、１９８６年、赤﨑勇教授の指導と豊田中央研究所の協力を受けて、窒化ガリウム（GaN）をベースとした青色ＬＥＤの開発に着手、翌１９８７年には、科学技術振興事業団から青色ＬＥＤの製造技術開発を受託し、１９９１年に成功認定を受けました。そして、１９９５年10月に高輝度の青色ＬＥＤの量産を開始し、その後も次々と新製品を開発し市場に投入してきました。

〔中略〕

1．両者は、相手方に対し、自社の保有する特許に基づく製造・販売の差止請求や損害賠償請求等をしない。

2．両者は、相手方に対し、相手方が現在保有する特許（訴訟の対象となっている特許を含む）に関して、損害賠償金（和解金を含む）の支払義務や自社製品の製造・販売の中止義務を負わない。

3．両者は、両者間の全ての侵害訴訟、無効審判及び審決取消訴訟を取り下げる。

4．両者は、将来の製品につき相手方の将来の特許を実施する場合、合理的な料率の実施料を支払う。

5．YAG蛍光体を用いた白色LEDに関する日亜化学の特許について、豊田合成は、日亜化学に対し、当該特許を実施するYAGを用いた将来の製品につき、両者で合意した実施料を支払う。――

1996年8月に始まり、2002年9月17日に全面和解することで終結した6年間にも及ぶ両社の間の特許係争は、ほとんどがチップの構造に対する特許で、窒化ガリウム単結晶膜の製造方法に関する特許で争った形跡は見られない。

当時、日亜化学工業は豊田合成にとどまらず、アメリカや台湾、韓国のＬＥＤメーカーなどとも係争状態にあった。「モノは売るが特許は売らない」として、同社特許のライセンス供与を拒んできたためである。しかし同社は２００２年に大きく方針を転換した。白色ＬＥＤに関してシチズン電子に特許のライセンス供与を始めたほか、ドイツのメーカーと窒化ガリウム系発光素子の特許についてクロスライセンス契約を締結、９月には前述のように豊田合成との係争を終結させた。そして、11月には係争関係にあったアメリカのＬＥＤ製造メーカー、クリー社と和解しクロスライセンス契約を結び、日亜化学工業を核とする、大手ＬＥＤメーカーの提携関係が出来上がった。現在では、ＬＥＤ産業の巨大化に伴って、得意分野の棲み分けが行われている。

[補足図] 青色LEDチップ製造工程

半導体結晶層の形成
・MOVPE（MOCVDも同じ）

⇩

電極形成
・フォトリソグラフィー
・真空蒸着法

⇩

保護膜形成
・フォトリソグラフィー
・CVD

⇩

ダイシング（切断）
・ダイサー

⇩

検査・選別配列
・検査機
・配列機

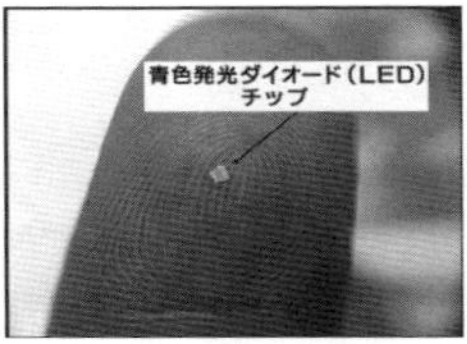

⇩

（ランプ化工程へ） ⇨

青色ＬＥＤランプ

終章

60年がかりのノーベル賞

発見とは非論理的なものである

今から20年ほど前、日高敏隆（1930〜2009年）が、『大学は何をするところか』（平凡社）で書いていた。その頃日高は国際昆虫生理生態学センターという研究所（本部はケニアのナイロビにある）の理事をしていて、国際理事会の場で毎回たたかわされる議論に加わりながら「科学をとりまく場でいま深刻な事態が起きている、その深刻な事態は日本だけじゃなく世界的に共通する事態である」と憂えていた。

深刻な事態とは何か。要旨はこうである。

——科学というものに対するきわめて根強い誤解が、いまだに存在している。それは科学は事実と論理の積み重ねであり、すべては事実（ファクト）に基づいて進展するという誤解であり、ファクトなしに科学の進展はありえない、と人びとは信じ込まされている。だが多くの研究者は、科学はイマジネーションなのだと、心の中では思っている。けれど、これは公式の場では言わない。研究計画書をつくるときは、そのようなことはおくびにも出さない。いや、出せないしきたりになっている。たとえば、こんな研究費申請用紙を見たことがある。

「何をどこまで明らかにするか」「初年度の計画と期待される成果」「次年度以降の計画と期待される成果」……初年度にどんなことが出てくるかわからないのに、次年度以降のことがわかるものか、とだれもが思う。

でもそんなことを書いたら研究費はもらえない。そこで、まことしやかに「計画」と「成果」を書く。これは、ファクトを重んじるはずの科学研究の計画書のすべてにこめられたウソである。もし、そのように書かなかったら、それはずさんな計画と言われてもしかたがない。評価するほうだって困るだろう。そこでこのようなウソがはびこることになる。そして、じっさいの発見は、このウソのかげでなされるのだ。困るのは、発見とはつねに非論理的なものであるということだ。――

非論理的なものである「発見」の真実を、ウソの言葉が連なった未来完了形で書かされてつくられる計画書や企画書とは、どういう意味をもっているのだろうか。どういう「結果」をその後もたらしていくのだろうか。

大学の中で、研究所の中で、あるいは会社の中で役所の中で学校の中で、そんな疑問を感じながら仕事をしている人は多いはずだ。筆者も今の仕事（建築関係）に就く前の職業人生の過半はそうであった。

そのことは「ウソを自覚しているという支柱」だけで支えられていた。ウソの自覚には一つの覚悟が必要だった。この支柱を支えているものが崩壊しそうになったら（つまりそういう自覚すらできなくなりそうになったなら）、そんな仕事など辞めてしまえばよい、なんか別のことをして稼いでいけばよいというような覚悟。そして、なるようになるさという楽観であった。

発見とは非論理的なものである。

発見とはイマジネーションである。ヒラメキである。

ＰＣＲと呼ばれるＤＮＡの増幅方法を考案して、その後の遺伝子研究に大きく道を開いたキャリー・マリス（１９９３年ノーベル化学賞受賞）は、その著『マリス博士の奇想天外

郵便はがき

料金受取人払郵便

鹿児島東局
承認
329

差出有効期間
2024年6月
24日まで
切手を貼らずに
お出し下さい

892-8790

168

鹿児島市下田町二九二―一

図書出版
南方新社 行

ふりがな 氏名		年齢　歳	
住所	郵便番号　－		
Eメール			
職業又は学校名		電話（自宅・職場） （　）	
購入書店名（所在地）		購入日	月　日

書名　（　　　　　　　　　　　　　　　）愛読者カード

本書についてのご感想をおきかせください。また、今後の企画についてのご意見もおきかせください。

本書購入の動機（◯で囲んでください）

A　新聞・雑誌で　（　紙・誌名　　　　　　　　　）
B　書店で　C　人にすすめられて　D　ダイレクトメールで
E　その他　（　　　　　　　　　　　　　　　　　）

購読されている新聞，雑誌名

新聞　（　　　　　　　）　雑誌　（　　　　　　　）

直 接 購 読 申 込 欄

本状でご注文くださいますと、郵便振替用紙と注文書籍をお送りします。内容確認の後、代金を振り込んでください。（送料は無料）

書名		冊
書名		冊
書名		冊
書名		冊

な人生』で、「授賞理由につながるアイデアが閃いたのは、車で恋人とデートをしている最中だった」とじつにあけっぴろげに語っている。そんな人はめったにいない。

そういう真実が語られない科学とは何なのか。語らせない仕組みとは誰のためにあるのか。それを知ろうとしない社会、その社会を構成する私たちは何なのか。私たちにとって科学とは何なのか。

2014年12月10日の赤﨑勇

2014年12月10日、ストックホルム（スウェーデン）のコンサートホールで3人の日本人ノーベル物理学賞の授与式が執り行われる。壇上に立たんとしている3人の思いはそれぞれのものであろう。

天野浩は、仕事を離れて何年ぶりかの妻とだけの休息の時を出国後の時間きざみのスケジュールのなかでつくりだせそうで、どこで何をして過ごそうか、などと考えているかもしれない。

中村修二は、長い闘いの日々をふりかえって「やはり、これでよかったんだ、オレは」と何度も何度も自分に言い聞かせているかもしれない。

赤崎勇は何を思うのだろうか。頭は、後で回ってくる記念講演の原稿の推敲でいっぱいかもしれない。あそこの○○と××の間に□△△□を入れておこう、とか。

その原稿は次のような書き出しで始まっているに違いない。

「ここにいらっしゃるすべての皆さん、そしてご婦人の方々……」というあいさつのあと一息ついて、「私は日本の中では西南の端のほうにある鹿児島県で生まれ育ちました。鹿児島県はその昔……といっても百四、五十年ほど前は薩摩と言っていました。1867年パリで開かれた万国博覧会では、日本からは二つの政府が出品し、それぞれが日本の正統の政府であることを主張して、パリっ子をびっくりさせたことがあります。江戸の大君(le taïcoun de Yedo)の政府と薩摩のプリンス(le prince de Satzouma)の政府です」「薩摩はそんな開明的、つまり当時近代世界の先頭を走っていたヨーロッパにいち早く目を向け科学技術という知の集積を日本で最も早く吸収しようとしていた藩（いわばひとつの〝独立国〟）だったのです」。「その一方で薩摩藩では郷中教育という独特の教育システムが確立されていて、私も少年時代その伝統の中で心身を鍛え……」。「私はその時期に築かれた精神的な支柱が自分のその後の研究者人生の支えだった、と今では思います」。「さて、主題に移ります。窒化ガリウムというⅢ―Ⅴ族の化合物半導体は……」。

そのように語っていく赤﨑勇は研究生活一路、60年がかりのノーベル賞を受賞したのである。

そして私たちは

たぶんグーテンベルクの活版印刷の発明いらい、産業革命が起き近代がつくられ、成熟したこんにちがある。そういう歴史時代とは、〈複製〉の基盤と推力に乗って進んでいる。

活字も映像も、ｗｅｂも、建築も。ノーベル賞も、取った人も、「おめでとう」と言う私たちも。複製、すなわち工業文明の技術基盤の上に乗っかっている。そして技術による自然への介入は止め処を知らない。そういう自分と自分たちを見る目なくして、もうひとつ加えるなら、あるがままの自然など自分の身体の中ぐらいにしかもはやない、という断念なくして、〈脱・何々〉も〈反・何々〉もある種不毛に思える。博物学が科学に回収され、科学は技術にのみこまれていくような、そういうこんにちである。節度というものが問われているのではないか。

しかし赤崎勇は当初からそうしたものに積極的に足を踏み入れようとしなかった、あるいは踏み入れそこなったように見える。赤崎勇が過ごした日本の歴史には戦争と戦後という激しい変転があった。その昭和という時代とともに古風な学者であり続けられた赤崎勇は、まことに幸せな職業人生を全うできた人である、といわざるをえない。

赤崎 勇

おわりに

赤崎勇さんがそうであったように、戦後生まれ（1948年）の私にも親の世代が体験した戦争のことを遠ざけていた自分がいた。そんな私の、自身の戦争体験を記す。

本物の特攻隊とじかに出くわしたのは偶然だった。当時私も経営陣の一員だった会社が神社庁の研修施設を借りて会議を行ったことがある。そこに、特攻隊員自身が書き遺していた手紙のコピーが閲覧用に置かれてあった。ちょっとした好奇心から私はそれに目を通した。あのときの衝撃は忘れられない。

もうひとつ。2006年だったか、母親が上京してきたおり、靖国神社にまで足を運んだ。

そのとき初めて、ゼロ戦や特殊潜航艇など旧日本軍の武器が展示してある遊就館の中を見学した。順路に沿って見学していくと、映画を見せられた。この映画には絶句した。最初から最後まで、先の戦争を露骨な必然論によって描いていた。しかも考証もあやしく、品も質も伴わないお涙ちょうだいもの。韓国や中国やアメリカや他国の留学生が観たらどう思うか？　などということは一切考えていない。順路の後半は、戦死した若い兵士の顔写真で壁じゅうが埋め尽くされていた。ああ。

私の母親はそんなに涙もろい人間ではないが、涙ぐんでいた。館を出て境内を歩きながら私は怒っていた。心の底からというよりか、こういうものをつくった人にたいして、こういうやり方で商売をした者のあざとさにたいして、それにお金を出すことにした法人幹部にたいして。

２０１４年９月28日の暑い午後、私は鹿児島市内にある天文館公園に立っていた。折からの川内原発再稼働に抗する大集会が開かれていた。その集会に参加することは、私にとって鹿児島行きの目的の一部でしかなかった。

帰りのチケットは10月7日にしていた。最長4日間の鹿児島県内の旅のプランには、鹿児島在住の友人が同伴してくれるはずだった。その友人の都合しだいではあったが、その間にじつは知覧（赤崎の生地でもある）へいちど行ってみようと思っていたのである。

ところが急用で東京へトンボ帰りすることになり、旅のプランも知覧行きもかなわなかった。

あの2011年3月11日のひと月後、私は、軽トラにテントなど一式と食料、燃料、道具類を詰め込んで三陸の被災地に向かった。その計画を知ったたくさんの友人知人からカンパの申し出があった。あとのことを考えて、お断りした人もいる。いただくのは、ほんとうの友人だけにすることにした。ほんとうの友人とは何か。ほんとうの友情とはどのようなものなのだろうか。

友人とは、その人からの頼みなら何をさしおいてもかなえてあげようという気持ちになれる人のことを指す。もちろんかなえたことの見返りは求めない。そう、私は私の「友人の定義づけ」をその時ひそかに行った。

本書の刊行に当たっては、多くの友人知人たちの協力を得た。いまは名を挙げないが、たこ八郎の残した言葉で感謝の気持ちを表しておきたい。「迷惑かけてありがとう」

２０１４年11月

枚田　繁

参考文献一覧

『青い光に魅せられて』（赤﨑勇著／日本経済新聞出版社）
『青色発光ダイオード開発物語 〜赤﨑勇 その人と仕事〜』完成台本
『双葉』第49号 赤﨑勇・最終講義「〝結晶、光、半導体〟との40年」
『郷中教育と薩摩士風の研究』（安藤保著／南方新社）
『竜馬史』（磯田道史著／文春文庫）
『白洲正子自伝』（白洲正子著／新潮文庫）
『海軍』（獅子文六著／中公文庫）
『日本近代技術の形成』（中岡哲郎著／朝日選書）
『タングステンおじさん』（オリヴァー・サックス著／早川書房）
『科学』２００１年４＋５月号、11月号「特集：あなたが考える科学とは」（岩波書店）
『永遠の０』（百田尚樹著／講談社文庫）
『第七高等学校造士館に関する資料』（ＨＰ）
『虜人日記』（小松真一著／ちくま学芸文庫）

『教養主義の没落』（竹内洋著／中公新書）
『日本経済のトポス』（日高普著／青土社）
『ラグビー大魂（DAI HEART）』（藤島大著／ベースボール・マガジン社）
『権力にアカンベエ！』（京大新聞史編集委員会編／草思社）
『もののみえてくる過程』（中岡哲郎著／朝日新聞社）
『磁力と重力の発見1、2、3』（山本義隆著／みすず書房）
『原水禁署名運動の誕生』（丸浜江里子著／凱風社）
『原発・正力・CIA』（有馬哲夫著／新潮新書）
『大学は何をするところか』（日高敏隆著／平凡社）
『マリス博士の奇想天外な人生』（キャリー・マリス著／早川書房）
『走れメロス』（太宰治著／岩波文庫）
『辻まことの世界』（矢内原伊作編／みすず書房）

フィールドガイド　屋久島の野鳥

◎尾上和久

定価（本体1,800円＋税）

世界自然遺産の島・屋久島――。悠久の自然が残るこの島で出会える野鳥100種を、オールカラーで紹介する。1ページに1種と写真を大きく掲載、見られる場所を色で区別し、鳴き声も表記。活用しやすい野鳥図鑑、誕生。

奄美民謡島唄集

◎片倉輝男

定価（本体2,800円＋税）

奄美のシマジマの間で長く歌い継がれてきた島唄。島唄は耳で聴き、見よう見まねで学ばれてきた。本書は奄美の島唄の歌詞と三味線譜を採録した画期的な一書である。また、唄が生み出された背景や、唄の意味についても解説を加えた。五線譜も併記。

写真集・活火山 桜島

◎西井上剛資

定価（本体2,500円＋税）

1980年代、南岳山頂火口の活動が激しい時期から、2006年に昭和火口が再活動を始め、現在に至るまで活発な火山活動を続ける桜島の姿を収録。爆発的噴火の瞬間、空高く舞い上がる噴煙、発生した火山雷、噴出する火山弾、火砕流、火映現象……。

九州原発ゼロへ、48の視点

◎木村朗編

定価（本体2,000円＋税）

福島第一原発事故が今なお収束しない中で、多くの国民が「脱原発」の意思を示し始めている。原子力の専門家、法律家、市民運動家、そして被災者など48人の執筆者がそれぞれの視点から、「九州からの脱原発」を訴える。

増補改訂版　校庭の雑草図鑑

◎上赤博文

定価（本体2,000円＋税）

人気の図鑑がパワーアップ。人家周辺の空き地や校庭などで、誰もが目にする300余種を分かりやすく解説。学校の総合学習はもちろん、自然観察や自由研究に。また、野山や海辺のハイキング、ちょっとした散策に。

山菜ガイド　野草を食べる

◎川原勝征著

定価（本体1,800円＋税）

タラの芽やワラビだけが山菜じゃない。ちょっと足をのばせば、ヨメナにスイバ、ギシギシなど、オオバコだって新芽はとてもきれいで天ぷらに最高。採り方、食べ方、分布など詳しい解説つき。アクも辛みも大歓迎！ぜひ、お試しあれ。

ご注文は、お近くの書店か直接南方新社まで（送料無料）
書店にご注文の際は「地方小出版流通センター扱い」とご指定下さい。

焼酎　一酔千楽

◎鮫島吉廣

定価（本体1,600円＋税）

小泉武夫氏絶賛「名文で綴る焼酎の秘話と薀蓄の数々。これぞ、天下無敵の焼酎エッセイだ」。焼酎に関する古今の逸話はもとより、科学、製法、歴史、民俗、文化まで収めた肩肘張らぬ焼酎学の書。

海洋国家薩摩

◎徳永和喜

定価（本体2,000円＋税）

日本で唯一、東アジア世界と繋がっていた薩摩。最大の朱印船大名・島津氏、鎖国下の密貿易、討幕資金の調達、東アジア漂流民の送還体制……。様々な事例から、海に開けた薩摩の実像が浮かび上がる。

大西郷の逸話

◎西田　実

定価（本体1,700円＋税）

明治維新の立役者、西郷隆盛にまつわる数々の逸話集。逸話を通してその人間像を浮き彫りにする。昭和49年発行のものを復刊。明治、大正、昭和と、教育者として生涯を送った筆者の自伝「山あり谷あり き」を併録。

鹿児島の歩き方　鹿児島市篇

◎蔵満逸司

定価（本体1,600円＋税）

超メジャー観光名所から、乗り物、グルメ、温泉、神社、御利益スポット、本や音楽、映像、誰も知らない町なかの秘境まで。南九州の玄関口・鹿児島市の街歩きに必携の旅コラム全115篇。「鹿児島市の歩き方マップ」も掲載。

九州・野山の花

◎片野田逸朗

定価（本体3,900円＋税）

葉による検索ガイド付き・花ハイキング携帯図鑑。落葉広葉樹林、常緑針葉樹林、草原、人里、海岸…。生育環境と葉の特徴で見分ける1295種の植物。トレッキングやフィールド観察にも最適。九州の昆虫の食草、食樹ももれなく掲載。

九州発　食べる地魚図鑑

◎大富　潤

定価（本体3,800円＋税）

店先に並ぶ魚はもちろん、漁師や釣り人だけが知っている魚まで計550種を解説。著者は水産学部の教授。全ての魚を実際に著者が料理して食べてみた「おいしい食べ方」も紹介する。巻頭には魚料理の基本、さばき方から、刺身、茹で、煮、焼き、揚げまで丁寧にてほどき。

枚田 繁（ひらた・しげる）

1948年兵庫県朝来郡山東町迫間（現・朝来市迫間）生まれ。旭丘高校（愛知）を経て1974年京都大学教育学部卒。出版・広告業、映像制作業、建築業に従事。赤﨑勇氏とは氏の伝記番組『青色発光ダイオード開発物語～赤﨑勇 その人と仕事～』（サイエンス チャンネル）の制作で出会う。科学技術映像祭での受賞歴（文部科学大臣賞など）もある。

評伝 赤﨑勇 その源流

二〇一五年一月十日 第一刷発行

著 者 枚田 繁

発行者 向原祥隆

発行所 株式会社 南方新社

〒八九二－〇八七三 鹿児島市下田町二九二－一

電話 〇九九－二四八－五四五五

振替口座 〇二〇七〇－三－二七九二九

URL http://www.nanpou.com/

e-mail info@nanpou.com

印刷・製本 株式会社 朝日印刷

定価はカバーに表示しています

落丁・乱丁はお取り替えします

ISBN978-4-86124-310-3 C0030

あとがき

付録2で「図説 青色ＬＥＤ」を執筆してもらった安藤幸司さんの本職は、高速度撮影など特殊撮影専門のカメラマンである。そういう職能の人も数少ないけれど、自分の職能に関わる「自習ノート」をブログで公表している人など稀有である。今回、「友情出演」をお願いしたら、快く引き受けてくださった。

編集は鹿児島の梅北優香さんと東京の小林一郎さんの二人、校正は大阪の中尾哲則さんというトロイカで乗り切った。いつの間にか、お隣りの庭の柿の木の実が失せていた神無月。

２０１４年11月17日　著者

付録

この頁からお読みください。

付録1◎日本人ノーベル賞受賞者（自然科学系）その内容と横

受賞者	受賞年	賞名	受賞理由
湯川秀樹	1949年（昭和24年）	物理学賞	核力の理論による中間子存在の予測
朝永振一郎	1965年（昭和40年）	物理学賞	超多時間論を元にくりこみ理論の手法を発明
江崎玲於奈	1973年（昭和48年）	物理学賞	半導体にトンネル効果が起こることの発見
福井謙一	1981年（昭和56年）	化学賞	分子の反応性を支配するフロンティア軌道を提唱
利根川進	1987年（昭和62年）	生理学・医学賞	抗体の多様性を生じさせる遺伝的原理の発見
白川英樹	2000年（平成12年）	化学賞	導電性ポリマー（導電性高分子）の発見と開発
野依良治	2001年（平成13年）	化学賞	キラルな触媒を用いた不斉水素化反応の研究
小柴昌俊	2002年（平成14年）	物理学賞	宇宙ニュートリノの検出に代表される天体物理学への先駆的な貢献
田中耕一	2002年（平成14年）	化学賞	生体高分子の同定および構造解析のための手法の開発
下村脩	2008年（平成20年）	化学賞	緑色蛍光タンパク質（GFP）の発見と開発
小林誠	2008年（平成20年）	物理学賞	自然界のクォークが3世代以上存在することを予言する、対称性の破れの起源の発見
益川敏英	2008年（平成20年）	物理学賞	自然界のクォークが3世代以上存在することを予言する、対称性の破れの起源の発見
南部陽一郎	2008年（平成20年）	物理学賞	素粒子物理学における自発的対称性の破れのメカニズムの発見
鈴木章	2010年（平成22年）	化学賞	有機合成におけるパラジウム触媒クロスカップリングの発見
根岸英一	2010年（平成22年）	化学賞	有機合成におけるパラジウム触媒クロスカップリングの発見
山中伸弥	2012年（平成24年）	生理学・医学賞	成熟した細胞をリプログラミングすることで多能性を持たせることができることの発見
赤﨑勇	2014年（平成26年）	物理学賞	高輝度・低消費電力白色光源を可能とした高効率青色LEDの発明
中村修二	2014年（平成26年）	物理学賞	高輝度・低消費電力白色光源を可能とした高効率青色LEDの発明
天野浩	2014年（平成26年）	物理学賞	高輝度・低消費電力白色光源を可能とした高効率青色LEDの発明

※日本人ノーベル賞受賞者は他に、川端康成（1968年、文学賞）、佐藤栄作（1974年、平和賞）、大江健三郎（1994年、文学賞）がいる。

在籍研究機関（国内）	在籍研究機関（国外）
大阪大学、東京大学、京都大学	プリンストン高等研究所、コロンビア大学
京都大学、理化学研究所、東京教育大学（現在の筑波大学）	ライプツィヒ大学、プリンストン高等研究所
川西機械製作所（現在の富士通テン）、東京通信工業（現在のソニー）	IBMトーマス・J・ワトソン研究所
京都大学	
京都大学	カリフォルニア大学サンディエゴ校、ソーク研究所、バーゼル免疫学研究所、マサチューセッツ工科大学
東京工業大学、筑波大学	ペンシルベニア大学
京都大学、名古屋大学	ハーバード大学
東京大学	ロチェスター大学、シカゴ大学
島津製作所	
長崎医科大学、名古屋大学	プリンストン大学、ボストン大学、ウッズホール海洋生物学研究所
京都大学、高エネルギー物理学研究所	
名古屋大学、京都大学、東京大学	
東京大学、大阪市立大学	プリンストン高等研究所、シカゴ大学
北海道大学	パデュー大学
帝人	ペンシルベニア大学、パデュー大学、シラキュース大学
大阪市立大学、奈良先端科学技術大学、京都大学	カリフォルニア大学サンフランシスコ校
神戸工業（現在の富士通テン）、名古屋大学、松下電器東京研究所、名城大学	
日亜化学工業	フロリダ大学、カリフォルニア大学サンタバーバラ校
名古屋大学、名城大学	

付録1◎日本人ノーベル賞受賞者（自然科学系）その内容と横顔

受賞者	生まれ、育ち	出身高校（旧制中学）	
湯川秀樹	1907年、東京市麻布区生まれ。1歳のとき、家族と京都市へ移住。	旧制京都府立京都第一中学校卒業	
朝永振一郎	1906年、東京市小石川区生まれ。7歳のとき、家族と京都市へ移住。	旧制京都府立京都第一中学校卒業	
江崎玲於奈	1925年、大阪府中河内郡高井田村生まれ、育ち。	旧制同志社中学校卒業	
福井謙一	1918年、奈良県生駒郡生まれ。少年時代は大阪府西成郡玉手町で育つ。	旧制大阪府立今宮中学校卒業	
利根川進	1939年、愛知県名古屋市生まれ。富山県大沢野町から東京都大田区へ。	東京都立日比谷高等学校卒業	
白川英樹	1936年、東京府生まれ。幼少期を台湾、満洲で過ごし、岐阜県高山市へ。	岐阜県立高山高等学校卒業	
野依良治	1938年、兵庫県武庫郡生まれ。神戸市六甲で育つ。	灘高等学校卒業	
小柴昌俊	1926年、愛知県豊橋市生まれ。1歳の頃東京の西大久保に転居。	旧制神奈川県立横須賀中学校卒業	
田中耕一	1956年、富山県富山市生まれ。実母が病死したため叔父の家で育てられる。	富山県立富山中部高等学校卒業	
下村脩	1928年、京都府福知山市生まれ。満洲、長崎県佐世保市、大阪府を経て長崎県諫早市へ。	旧制長崎県立諫早中学校卒業	
小林誠	1944年、愛知県名古屋市生まれ、育ち。	愛知県立明和高等学校卒業	
益川敏英	1940年、愛知県名古屋市生まれ、育ち。	名古屋市立向陽高等学校卒業	
南部陽一郎	1921年、東京市元麻布生まれ。関東大震災後家族と福井市へ移住。	旧制福井県立福井中学校卒業	
鈴木章	1930年、北海道胆振管内鵡川村生まれ、育ち。	北海道立苫小牧高等学校卒業	
根岸英一	1935年、満州国新京生まれ。朝鮮京城府城東区を経て、神奈川県高座郡大和町で育つ。	神奈川県立湘南高等学校卒業	
山中伸弥	1962年、大阪府東大阪市生まれ。奈良市学園前で育つ。	大阪教育大学附属高等学校天王寺校舎卒業	
赤﨑勇	1929年、鹿児島県川辺郡知覧町生まれ。鹿児島市で育つ。	旧制鹿児島県立鹿児島第二中学校卒業	
中村修二	1954年、愛媛県西宇和郡四ツ浜村生まれ、大洲市で育つ。	愛媛県立大洲高等学校卒業	
天野浩	1960年、静岡県浜松市生まれ、育ち。	静岡県立浜松西高等学校卒業	

※日本人ノーベル賞受賞者は他に、川端康成(1968年、文学賞)、佐藤栄作(1974年、平和賞)、大江健三郎(1994年、文学賞)がいる。

出身大学(旧制高校)	学位
旧制第三高等学校　京都帝国大学理学部物理学科卒業	理学博士(大阪帝国大学)
旧制第三高等学校　京都帝国大学理学部物理学科卒業	理学博士(東京帝国大学)
旧制第三高等学校　東京帝国大学理学部物理学科卒業	理学博士(東京大学)
旧制大阪高等学校　京都帝国大学工学部工業化学科卒業	工学博士(京都大学)
京都大学理学部化学科卒業	カリフォルニア大学サンディエゴ校博士課程修了(Ph.D.)
東京工業大学理工学部化学工学科卒業	工学博士(東京工業大学)
京都大学工学部工業化学科卒業	工学博士(京都大学)
旧制第一高等学校　東京大学理学部物理学科卒業	ロチェスター大学大学博士課程修了(Ph.D.)、理学博士(東京大学)
東北大学工学部電気工学科卒業	工学士(東北大学)、東北大学名誉博士
旧制長崎医科大学附属薬学専門部(現在の長崎大学)卒業	理学博士(名古屋大学)
名古屋大学理学部物理学科卒業	理学博士(名古屋大学)
名古屋大学理学部物理学科卒業	理学博士(名古屋大学)
旧制第一高等学校　東京帝国大学理学部物理学科卒業	理学博士(東京大学)
北海道大学理学部化学科卒業	理学博士(北海道大学)
東京大学工学部応用化学科卒業	ペンシルベニア大学博士課程修了(Ph.D.)
神戸大学医学部卒業	医学博士(大阪市立大学)
旧制第七高等学校　京都大学理学部化学科卒業	工学博士(名古屋大学)
徳島大学工学部電子工学科卒業	工学博士(徳島大学)
名古屋大学工学部電子工学科卒業	工学博士(名古屋大学)

付録2◎図説 青色LED——安藤 幸司

はじめに

発光ダイオード(LED = Light Emitting Diode)は、米粒大の小さい半導体結晶による強い光を放出する発光体である。乾電池で簡単に発光を得ることができる。赤外及び赤色でしか発光できなかったLEDだが、青色と白色LEDに進化し、2000年頃より登場した白色パワーLEDによって家庭用照明器具や自動車のヘッドライトにまで採用されるようになった。多くの光源は発光に付随して大量の熱を出すのに対し、発光ダイオードは発熱が少なく効率がよい。

発光ダイオードは、特有の色を持つ単色発光を基本とする。太陽光や白熱電球などのような自然光を得るためには、3原色を実現する3種類の発光ダイオードが必要であった。青色発光ダイオードの実現には困難な技術課題があり、実現性はゼロとの見方が大勢を占めて多くの研究者が挫折し取りやめた。

そうした困難を克服した青色発光ダイオードの開発と実用化は、固体素子の光源として飛躍的な発展を見ている。究極の光源としての性質を多く兼ね備えているからである。青色発光ダイオードをベースにした白色発光ダイオードは、表示素子としての役割を越えて照明の世界に大きな可能性を切り開いた。

1——光の役割

有史以来人類は光と共にあり、太陽を信仰の対象とさえした。エネルギーの循環や命の営は太陽に負うところが多い。太陽がなかったら、地上には雨も降らず、草木も生えず動物も存在しない。光は生き物にとってなくてはならない存在である。そうした太陽に替わる光と熱を人類が手に入れて、闇を支配し食を安定させ、さらに強い熱源を使って鉄などの金属をも単離・精製して利用するようになった。

太陽に替わる光は時代によって進化した。原始時代の松明は、時代が下るにつれて鯨油やガス灯になり、19世紀以降、大規模発電設備が登場すると電球と放電灯が人々の暮らしを驚異的に向上させた。

そして現在、原子レベルでの物性解明がなされ、より効率の良い発光媒体を手にするようになった。

発光ダイオードの登場である。

2——光放出の根源は、電子の運動

光を発する根源が電子の働きとわかったのは、1900年代の初めである。16世紀、イタリアのボルタによって人類が扱える電気がつくり出され、物理学、化学の発展に貢献した。20世紀までは、電気の存在はわかってはいたものの、電子の考えはなかった。電気は電子という一つ一つの粒の集合体であり、その運動により電気が形作られることがわかったのは19世紀終わりであった。電子を発見したのは1897年、英国のJ.J.トムソン（ノーベル賞物理学者）である。

彼の電子の発見により電子の特性が解明され、電子が運動するときに電磁波を発したり吸収したりすることがわかるようになった。光が電磁波であるとマクスウェルが唱えて、電子と光の両者の関係が結びついた。光が電磁波であることがわかったからである。電子が運動するときには、光を放出して自身が減速し、あるいは光（のみならず電磁波）を吸収して運動を加速する。

光の根源は、ここに行き着く。

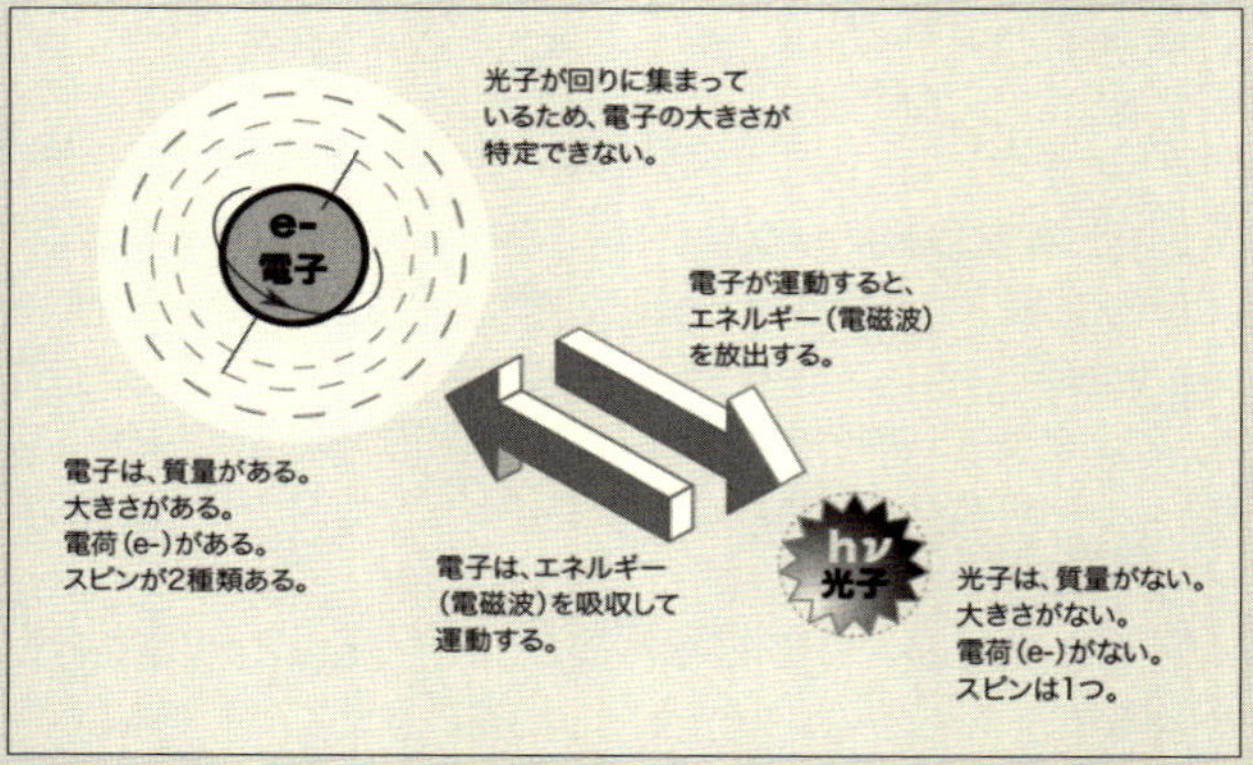
光子が回りに集まって
いるため、電子の大きさが
特定できない。
e-
電子
電子が運動すると、
エネルギー（電磁波）
を放出する。
電子は、質量がある。
大きさがある。
電荷（e-）がある。
スピンが2種類ある。
電子は、エネルギー
（電磁波）を吸収して
運動する。
hν
光子
光子は、質量がない。
大きさがない。
電荷（e-）がない。
スピンは1つ。

3——光を放出するもの

身の回りには光を放つものが数多くある。発光ダイオードの位置取りを見るために、人類が獲得してきた光を振り返る。

3-1　炎（松明、鯨油、ロウソク）

闇の恐怖から人類を解き放ち、夜の時間を作り、食を豊かにしたのは熱発光による炎である。可燃物質に熱を加えると、気化した炭化水素物が燃焼を起こす。燃焼反応は、多くの場合高熱と光を伴う。木を燃やし、松明を燃やし、効率の良い油を精製して灯りとした。

熱は波長の長い電磁波（赤外線）であり、光は比較的波長の短い電磁波である。炎は炭化水素が酸素と反応して放出されるエネルギー（電磁波）である。

3-2　木炭、石炭、ガス灯、石油

燃焼を積極的に促すために、炭素の塊の木炭や石炭、炭化水素成分の多い石油などの可燃物を作り出した。木炭は強制的に酸素を送ると燃焼反応が積極的に促され、高温の炎となり鉄の精製に寄与した。石炭は硫黄成分があるものの木炭に比べると絶対的な火力があるため、蒸気機関などの機械エネルギーの一翼を担った。石炭から生まれる副産物のガスを灯りとして、街の夜を明るくし家庭に団らんを作った。石油や天然ガスの恩恵は日常生活に見るとおりである。

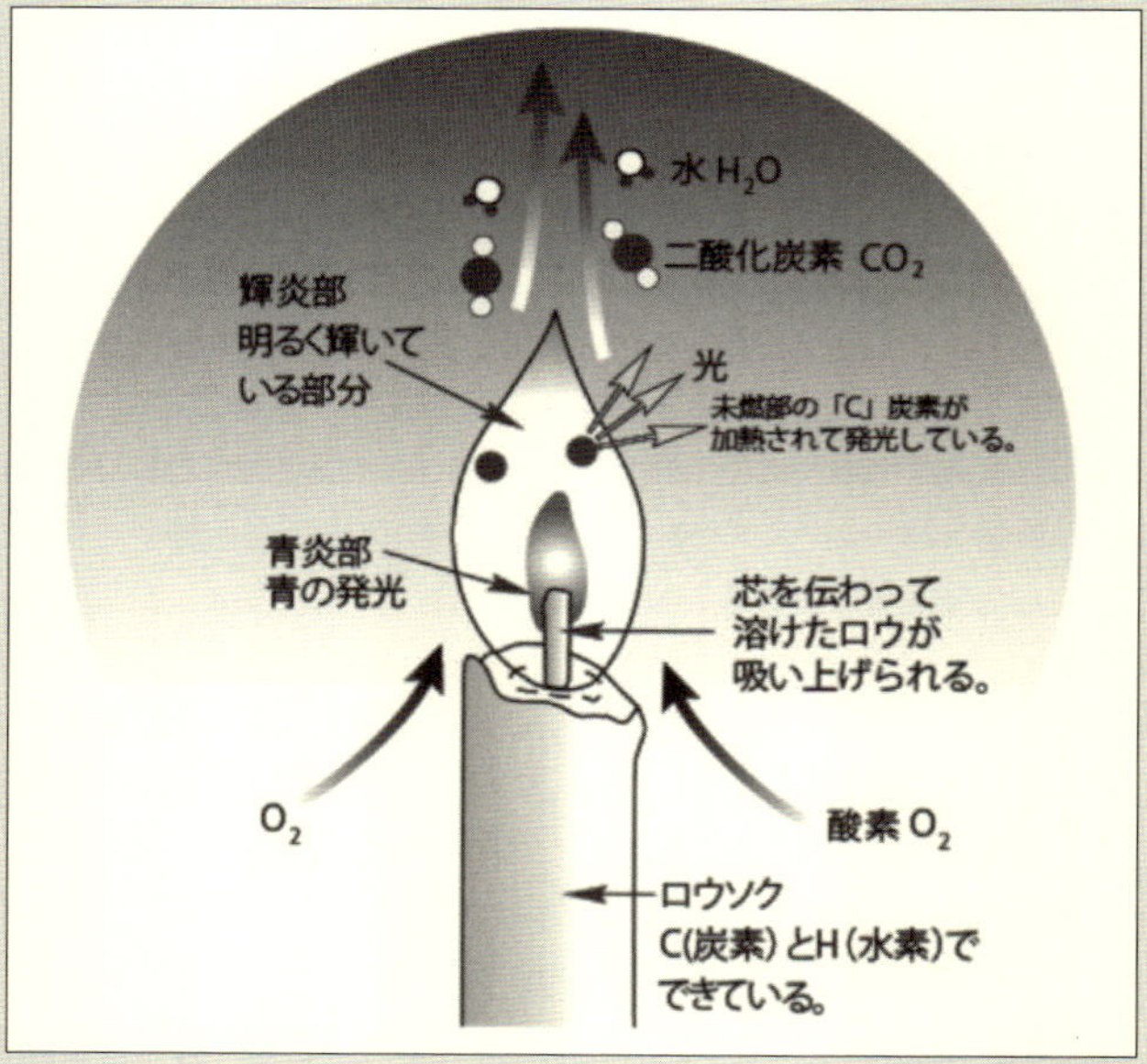
水 H_2O
二酸化炭素 CO_2
輝炎部
明るく輝いている部分
光
未燃部の「C」炭素が加熱されて発光している。
青炎部
青の発光
芯を伝わって溶けたロウが吸い上げられる。
O_2
酸素 O_2
ロウソク
C(炭素)とH(水素)でできている。

3-3　電気の灯――ジュール熱

ガス灯に替えて簡便に利用できる電気の灯火は、19世紀の終わり、イギリスのスワンとアメリカのエジソンによって発明された。電球の発明と発電・配電事業はライバルのガス灯事業を見据えていた。照明事業を推進するために発電設備や送電技術、変電設備、屋内配線設備など大がかりな投資が行われた。発電所は照明を提供するために建造され発展を遂げた。小規模の電気はボルタの電堆（電池）で化学実験や小規模アーク灯に寄与したが、蒸気機関の発電設備から水力、火力、原子力へと発電設備が増大した。電気は、照明と動力の二本の柱で急成長を遂げ、現代にいたっては電話やコンピュータ、テレビなどの情報通信も成長し、電気の需要はこの3本が大きな柱となった。

電気を使った灯火は、電気抵抗を持つ発熱体に電気を通して発熱（ジュール熱）を促し、高温を保持しながら発光をさせるものである。発熱体は高温（2500℃）に耐えるタングステンが使用され、2500℃の炎は通常の燃焼では得られない。この高温の発熱がまばゆいばかりの光を提供してくれた。2500℃の発熱によるタングステンの蒸発を抑制させるため電球内部に不活性ガスを封入したり、ハロゲンガスを入れて蒸発したタングステン分子をフィラメントに戻すハロゲン電球も開発された。電球は、発熱光であるため90％以上が熱で5～10％が光であった。発電する電気の90％以上が熱になり、光は1/10～1/20程度しか利用されない。

書名　（　　　　　　　　　　　　　　　　　）愛読者カード

本書についてのご感想をおきかせください。また、今後の企画についてのご意見もおきかせください。

本書購入の動機（○で囲んでください）

A　新聞・雑誌で　（　紙・誌名　　　　　　　　　　　　）

B　書店で　C　人にすすめられて　D　ダイレクトメールで

E　その他　（　　　　　　　　　　　　　　　　　　　　）

購読されている新聞，雑誌名

新聞　（　　　　　　　　　）　雑誌　（　　　　　　　　　）

直接購読申込欄

本状でご注文くださいますと、郵便振替用紙と注文書籍をお送りします。内容確認の後、代金を振り込んでください。（送料は無料）		
書名		冊
書名		冊
書名		冊
書名		冊

郵 便 は が き

料金受取人払郵便

鹿児島東局
承認
207

差出有効期間
2026年1月
24日まで
切手を貼らずに
お出し下さい

892-8790

168

鹿児島市下田町二九二―一

図書出版
南方新社 行

ふりがな 氏 名		年齢 歳
住 所	郵便番号 －	
Eメール		
職業又は学校名		電話（自宅・職場） （ ）
購入書店名 （所在地）	購入日	月 日

3-4　放電発光――蛍光灯、水銀灯

電球に替えて発光効率のよい発光体が発明された。放電灯である。放電灯は25%程度の発光効率を持っていて、発光ダイオードに近い効率である。多くの放電灯は水銀の助けを借りている。水銀は、常温で液体であり蒸発しやすい。蒸発した水銀雰囲気中で電気放電を起こすと紫外線を発する。紫外線が蛍光材に当たって可視光を発する。この原理を利用した低圧水銀蒸気による放電灯が、現在もよく使われている蛍光灯である。

水銀を高圧にして放電を起こすと、まばゆいばかりの強い放電光が得られる。高い水銀蒸気圧下での放電は、プラズマ状態となるため重合放射光となり水銀特有の緑色発光が減ぜられて白色発光に変わる。街路灯や工場、スタジアムでは照明灯の照射距離が長いため、高効率で強度の強い発光が必要となり、こうした用途に放電灯が使われている。水銀は汚染の問題もあり、ランプの廃棄には十分な配慮が必要である。

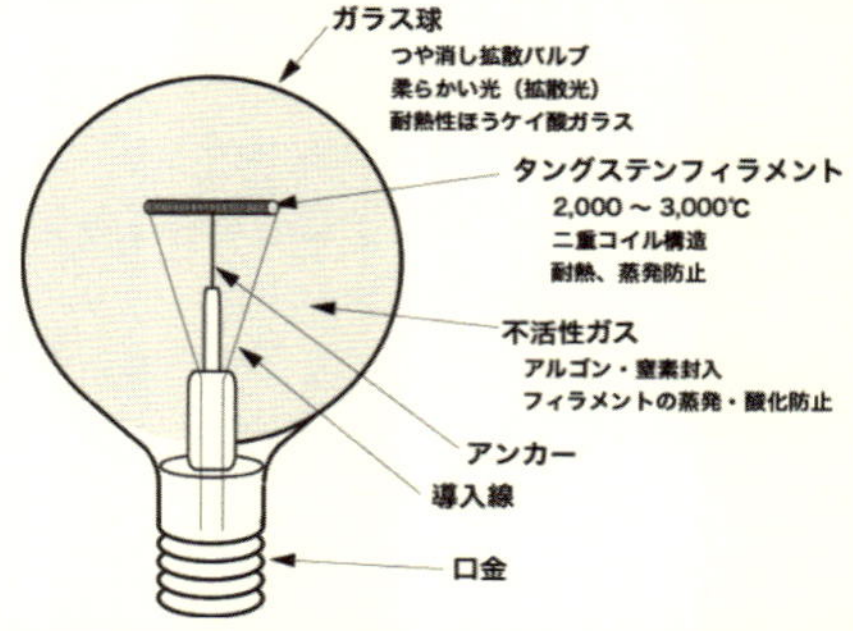

3-5　量子発光

先に述べた光は、加熱発光と放電発光であり、多くの熱を伴う。エネルギーを外部から与えて分子や原子の運動を増大させると、それに見合うエネルギーが放出される。熱(赤外エネルギー)を出しながら光(可視エネルギー)も放出するため不可避である。

これらの光の放出形態と異なるものに量子発光がある。燐光や蛍光、蛍の光などのエレクトロルミネセンスは、熱を出さない発光である。これらのものは白色光ではなく青色や緑色、赤色など特異な波長を出すことが多い。これらの反応は、原子・分子の励起によって起こされる現象である。この方式による光源としてはレーザや発光ダイオードがある。

現在、我々が常識として理解している原子模型は、1913年オランダ人のニールス・ボーア(1922年ノーベル物理学賞受賞)が着想した。この原子模型は、驚くべき事実を提唱していた。すなわち、原子核と電子で構成される原子は、原子核とその周りを回る電子で構成され、電子が取り得る軌道は太陽系を回る惑星と同じように特定の軌道しか取り得ず、エネルギー準位を保ちながら運動している、というものである。
その準位は連続ではなく一定の軌道をとっている。外部からのエネルギーを電子が受けると次数の高い準位に励起されるが、安定のために元の準位に容易に落ちる。準位が落ちるときに固有の電磁波を放出する。その固有の電磁波は原子によって異なっていて、赤外線を放出するものもあれば可視光を放出するものもある。レーザや発光ダイオードはこの原理を応用している。量子発光は電子のエネルギー準位の移動による放出であるため単一波長であり、原子や分子の振動にともなう雑種の熱発光を伴わない。単色光で冷たい光というのが量子発光の特徴である。

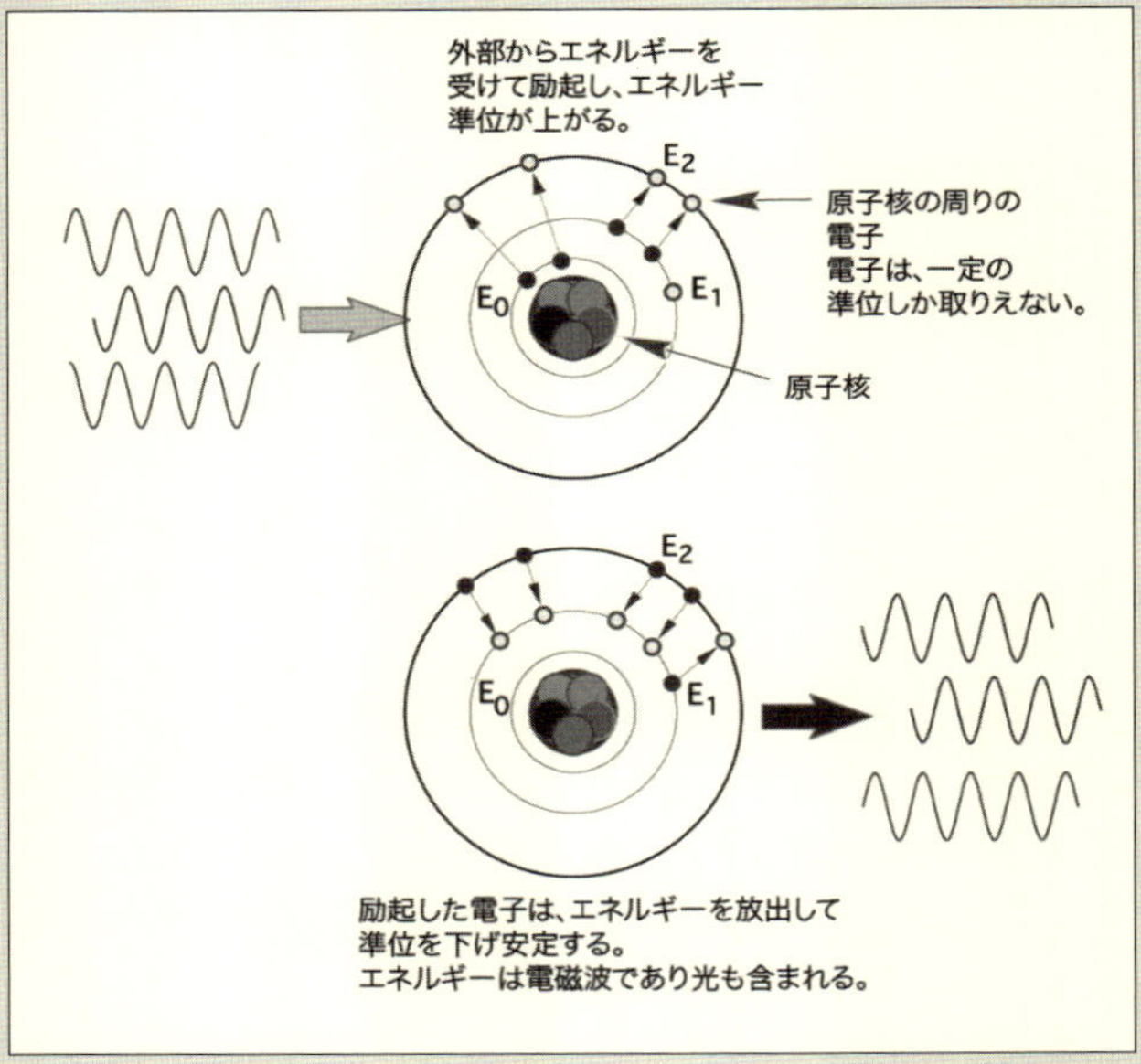
外部からエネルギーを
受けて励起し、エネルギー
準位が上がる。
E_2
原子核の周りの
電子
電子は、一定の
準位しか取りえない。
E_0
E_1
原子核
E_2
E_0
E_1
励起した電子は、エネルギーを放出して
準位を下げ安定する。
エネルギーは電磁波であり光も含まれる。

3-6 レーザ発光

光が電子の運動によって発生することを現実に示したものがレーザ（LASER = Light Amplification by Stimulated Emission of Radiation）である。レーザは20世紀最大の発明とされ、レーザの発明と発展に寄与した多くの科学者がノーベル賞を受賞した。

レーザの発明は、以下の基礎原理によって導かれた。すなわち、第一に光が波の性質を持っていること、第二に原子（分子）は固有の電磁波を放射し、同時に吸収する性質を持っていること。これは先の量子発光の項で述べた。第三に、外部から原子（分子）にエネルギーが与えられ励起された状態ではその中に固有の種火（特定の波長による光）を入れると雪崩を打ったように同一の光が放射される（誘導光の放出）。

そして最後に、大量に放出される誘導光は同じタイミングで放射されるため、同一波長で同一位相を持っていること。放出された光が波長の共振に合うように両面を鏡で向かい合わせた空間（キャビティ）に封じ込めると、共振原理により光は増幅され強大な光の塊となって外部に放出される。これはアインシュタイン（ノーベル物理学賞受賞）が提唱した誘導放出光の原理を裏付けたものである。

レーザの発振は原子レベルでの発光を実現したもので、その意義は大きい。レーザの発振に当たっては、著名なノーベル賞学者が不可能とまで異論を唱えたほど実現不可能に近いアイデアであり、夢物語のような人工光源であった。それが1960年、ルビー結晶を使った実験で現実のものとなった。

レーザの発振は、分子結晶が作りやすいルビー結晶やヘリウムガスやアルゴンガス、金属蒸気などで成功を見た。そのレーザも固体素子の発振ができる半導体レーザに進展していった。

分子が規則正しく並んだ固体でもレーザ発振は行えるはずだと、多くの物理学者が結晶構造の解明と量子発光の解明に心血を注いだ。そして半導体結晶から固有の電磁波が放出することを突き止めた。

半導体レーザの登場である。

2014年現在のレーザ市場は、特殊目的を除きほとんどの応用分野で半導体レーザが使われている。半導体レーザは通信分野や測定機器、プリンタ、熱加工装置になくてはならない素子となっている。

レーザは量子力学の理論に基づく新しい光の発明であり、固体素子（半導体）による発光の裏付けにもなり、発光ダイオードの発明へとつながって行った。

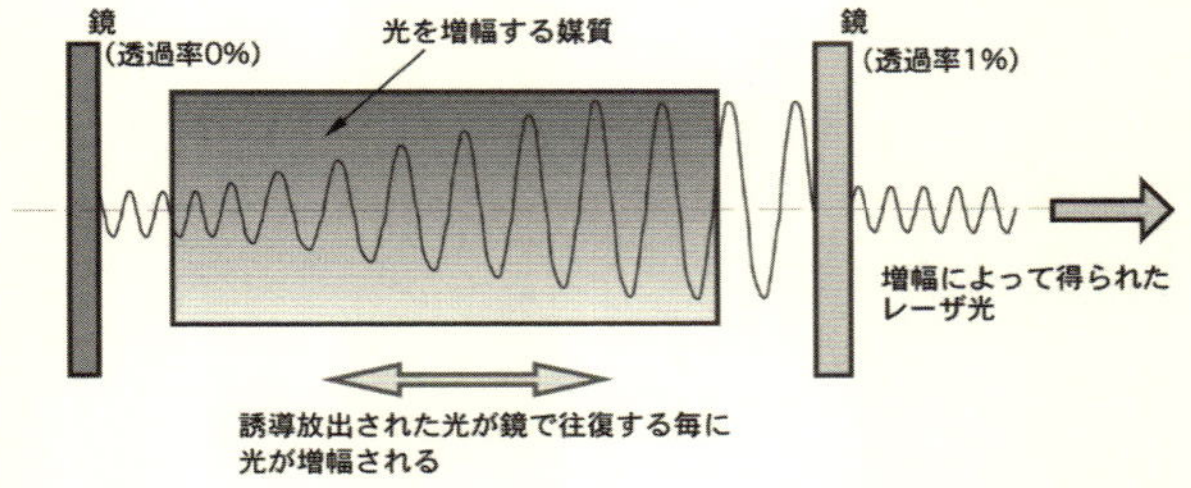

光発振器の概念

3-7　固体発光——半導体発光（発光ダイオード）

半導体レーザの構造は、発光ダイオードと結晶構造はほとんど同じである。発光ダイオードにレーザ発振のための鏡面構造と発振キャビティを考慮したものが半導体レーザとなる。

半導体は現在の電子機器の中枢にもなっていて、物理特性の解明と発展が現在の電子産業を支えてきた。半導体素子は、1940年代のアメリカのベル電話機研究所の物理学者でノーベル賞受賞者のショックレー、バーディーン、ブラッテンらの功績から始まる。彼らは半導体の特性を解き明かし、P型、N型という電子的に相補する特性を持つ半導体を発見した。P型とN型双方を接触もしくは接合させることにより電気を一方向に流す電気的なバルブ機能を持たせることができた。これはダイオードと呼ばれる二極真空管と同じ働きを持つもので、時代が下るにつれて真空管が廃り、半導体のダイオードがその座に着いた。PN接合によるダイオードが発光ダイオードの原点である。

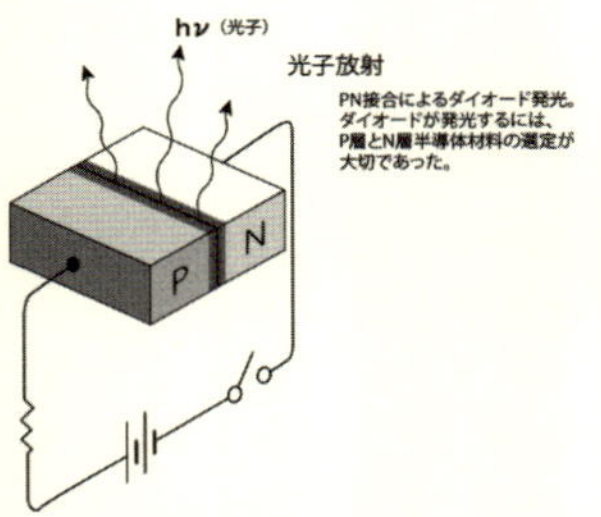

初期の発光ダイオード

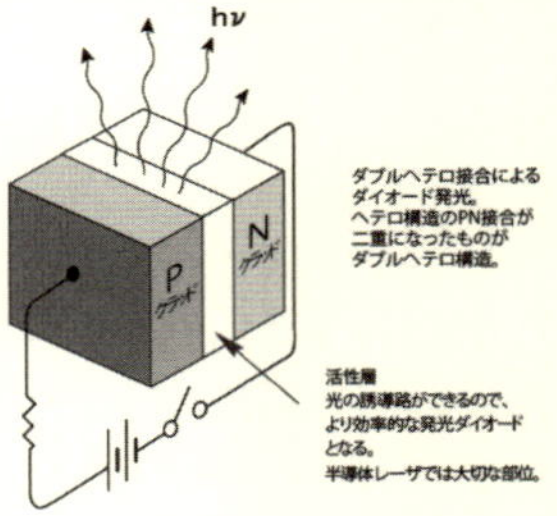

改良された発光ダイオード

4――固体発光(発光ダイオード)の登場

発光ダイオードは、1964年に登場する。半導体レーザが発明された同じ年である。

半導体構造の理論的な裏付けをもとにして発光現象を伴うダイオードを発明したのは、米国テキサスインスツルメンツ社とゼネラルエレクトリック社の研究グループであった。テキサスインスツルメンツ社は1961年に赤外発光を持つダイオードを開発し、翌1962年にゼネラルエレクトリック社のニック・ホロニアックが赤色発光ダイオードを開発した。彼らはこの発光のためにヒ化ガリウム(GaAs)結晶を用いた。現在の電子産業を支えるシリコン半導体とはまったく別の半導体結晶材料であった。結晶構造も製造方法も全く未知の分野であったのは想像に難くない。

想像されるとおり発光ダイオード実用の道のりは遠く、市販品として世に出るまで7年の月日がかかった。実用化の目途が立った1960年代終わりから赤色発光ダイオードの需要は急速に伸び、家電・工業製品の表示ランプや数字を表示する7セグメントLEDは急速に普及していった。

5——発光ダイオードの発光原理

発光ダイオードの光は、白熱電球のような加熱物質による発光と異なり、エレクトロルミネセンスと呼ばれる量子発光である。その原理は、P型半導体とN型半導体の接合（PN接合）中の電子移動による励起発光である。PN接合の半導体中に電子が流れるとPN接合の結晶原子が励起され、それが元に戻るときに電磁波を放出する。それがとりもなおさず発光となる。発光ダイオードでは、電子が励起されるエネルギーのしきい値をエネルギーギャップと称している。エネルギーギャップ以上の電圧を素子に与えないと励起を促せず、必然的に電気が流れない状態となる。

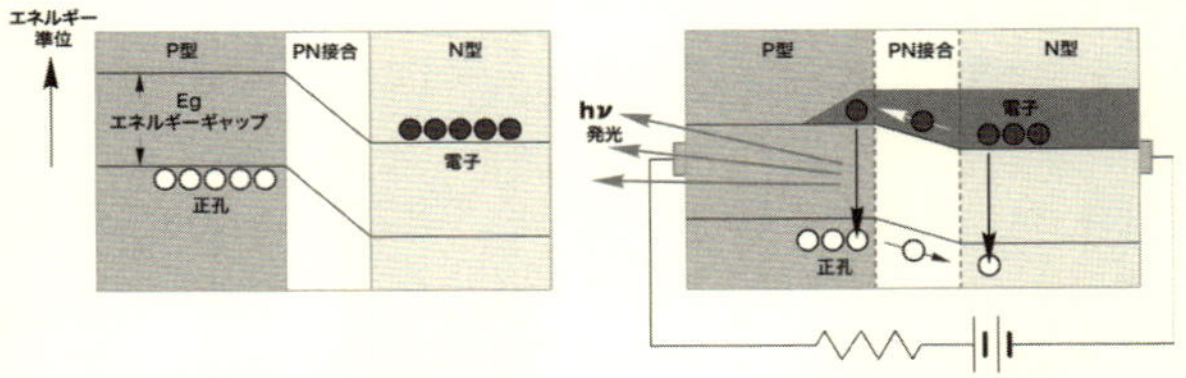

電圧が印加されていない発光ダイオード　　電圧が印加された発光ダイオード

6——発光ダイオードの特徴

発光ダイオードの特徴は以下のとおりである。

▷ 小型である

発光ダイオードは、米粒よりも小さい結晶面で発光する。大きな面積の結晶を作ることが難しいため、大出力の発光ダイオードを作る場合は、小さな発光ダイオードを多数個配置させている。交通信号機のLEDランプを見れば一目瞭然である。

▷ 単一波長の発光である

量子発光であるため、白熱電球のような連続した波長の白色発光を持たない。赤色や青色単色の発光である。現在主流の白色LEDは青色発光ダイオード上に黄色の蛍光剤を塗布し、青色と黄色の混ざった疑似白色としている。

▷ 低い電圧で発光する

発光に必要な印加電圧は、赤色LEDで1.5V、青色で3.5Vである。白熱電球のように商用電源を必要とせず、放電灯のように放電時の高圧発生回路を必要としない。簡単に発光する。ただし、青色発光ダイオードは1.5V（乾電池1個）の電圧では発光しない。

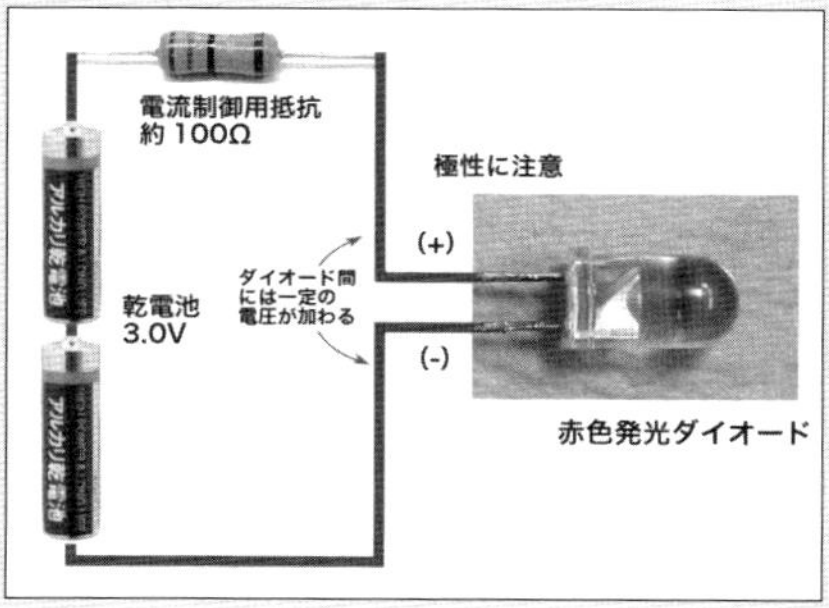

▷ 点光源に近い

素子が小さいため点光源として利用される。広い面積を照射するには投光レンズを組み合わせたり、素子を複数配列したりして面光源とする。

▷ 寿命が長い

加熱による発光体素子（フィラメント）の蒸発消耗や衝撃による破断がなく、また、放電灯に見られる放電電極の消耗や硝子球の亀裂破損がないため、寿命は驚くほど長い。一般的なもので50,000時間と言われている。一日8時間程度点灯する家庭照明では、17年間の使用が可能である。

▷ 発光装置の回路が簡単

1.5 ～ 6VDCの直流電圧、2 ～ 20mA（0.002 ～ 0.02アンペア）程度の電流を流すことにより発光し、電流制限によって輝度調整が簡単に行える。蛍光灯や放電灯では、点灯のための高圧発生回路が必要であり、点灯後の明るさ調整は困難である。

▷ 消費電力が少ない

原理上発熱が少ないので、電気エネルギーを効率良く光に換えることができる。ただ、その効率は蛍光灯と同程度である。LED素子自体の発熱はあるものの基板と発光素子での発熱がほとんどであり、照射される光に混じることはない。トランジスタやICなどの半導体素子は自身でかなりの発熱を持つ。素子は熱によりたやすく結晶が損傷する。寿命が長い素子ではあるが自身の発熱により著しく短くなる。

▷ 高速応答発光が可能

電流応答が速いため百万分の数秒（数マイクロ秒）での高速発光応答を行う。絶対パワーは少ないものの、キセノン放電発光によるストロボ（カメラ用フラッシュ）の代用が出来るまでになっている。

▷ 大出力発光は不向き

半導体素子の性格上、面積の大きな素子を作ることができない。1 ～ 3W程度の素子が限界であり、60 ～ 120WのLEDは3W程度の素子を20 ～ 40個、基板上に配置させている。集積された発光素子は発光時に熱がこもりやすく、劣化と寿命に影響を与える。素子の冷却が不可欠となる。

▷ 広範囲照射には不向き

発光素子が小さく大出力発光が不向きであるため、スタジアムの照明や街路灯など100m程度離れた位置からの投光照明にはHID（高圧放電灯）と呼ばれるメタルハライドランプや水銀灯、ナトリウムランプが優れる。近年、半導体レーザと蛍光体を組み合わせたレーザヘッドライトが開発され、長い照射距離能力と高輝度照射できるものとして注目され始めている。

7――長波長(赤外)から短波長(紫外)への発光

発光ダイオードは赤外領域の発光素子から実用化が進み、時代と共に短波長領域へと開発が進んだ。青色などの短波長は量子エネルギーが高いために、発光を促す結晶を探し出すことも作り上げることも困難であった。

可視光の赤色発光ダイオードが作られた当時の半導体結晶は、ヒ化ガリウムであった。その後、オレンジ発光を持つガリウムヒ素リン(GaAsP)が開発され、リン化ガリウム(GaP)の黄色・緑色、そして青色発光の窒化ガリウム(GaN)と続いた。

基本的に、短波長の光は量子エネルギーが大きく、それを作り出す結晶製造は容易ではない。加熱発光では、加熱温度が比較的低い領域では遠赤外線が放出され、温度の上昇とともに赤色発光となり青色に移っていく。鉄の溶解温度も温度と色の関係は明快で、色温度によって温度計測を行っている。こうしたことからも推察されるように、量子エネルギーの高い電磁波を出す結晶の特定は容易ではない。

チップ材料		発光色	ピーク発光波長 (nm)	外部発光効率 [%]	光度 [mcd]	駆動電流 [mA]	駆動電圧 [V]
発光層	基板						
GaP (Zn, O)	GaP	赤	700	～4	40	5	2
$Ga_{0.65}Al_{0.35}As$ (DDH)	GaAlAs	赤	660	～15	5,000	20	1.9
$Ga_{0.65}Al_{0.35}As$ (DH)	GaAs	赤	660	～7	2,500	↑	1.9
$Ga_{0.65}Al_{0.35}As$ (SH)	GaAs	赤	660	～3	1,200	↑	1.8
$GaAs_{0.35}P_{0.65}$	GaP	赤	635	0.6	600	↑	2
$GaAs_{0.15}P_{0.85}$	GaP	黄	585	0.2	600	↑	2
$(Al_{0.05}Ga_{0.95})_{0.5}In_{0.5}P$	GaAs	赤	647	～3	6,000	↑	2.1
$(Al_{0.20}Ga_{0.80})_{0.5}In_{0.5}P$	GaAs	オレンジ	609	～2.5	10,000	↑	↑
$(Al_{0.30}Ga_{0.70})_{0.5}In_{0.5}P$	GaAs	黄	591	～2	8,000	↑	↑
$(Al_{0.45}Ga_{0.55})_{0.5}In_{0.5}P$	GaAs	緑	560	～0.2	1,000	↑	↑
GaP (N)	GaP	緑	565	0.2	1,000	↑	2
$In_{0.45}Ga_{0.55}N$	サファイア	緑	520	～3	10,000	↑	3.5
$In_{0.2}Ga_{0.8}N$	サファイア	青	465	～4	3,000	↑	3.6
GaN	サファイア	紫外	363		-	100	3.6

発光ダイオードの発光材料と発光色

8——発光ダイオードの応用

▷ 表示灯

赤色発光ダイオードが世に出た時は小さい素子で発光照度も低かったため、表示灯豆電球の代替として使われていた。豆電球はフィラメント切れの問題を抱えていたが、LEDは全くそのようなことがなく、装置に組み込まれたLED表示灯は半永久的に使用された。消費電力が著しく少なくデジタル回路の電源で点灯できたことから大いに普及し、1970年代以降の電気製品や計測装置の状態表示ランプとして多く使われて来た。

▷ パワー LEDの登場

パワー LEDが可能になったのはLEDの構造をダブルヘテロ構造とした恩恵による。ダブルヘテロ構造は、本文162ページで示されているようにPN接合を異種の材質（ヘテロ）で作り、さらにそれを2重構造（ダブル）にしたものである。両者のヘテロ接合に共有されている活性層（光学的に透明な層）が光の通り道となってノイズを遮断し、光の透過性を格段に高めた。ダブルヘテロ構造は、1963年米国カリフォルニア大学サンタバーバラ校のハーバート・クレーマー（ノーベル賞受賞）が提唱し、1970年、ロシア・ヨッフェ物理学研究所のジョレス・アルフョーロフ（ノーベル賞受賞）と米国ベル電話機研究所の林厳雄博士により開発された。

この原理は半導体レーザの実用化になくてはならないものであり、同時に高輝度発光ダイオードへの道を切り開いた技術でもあった。パワー LEDの開発により100Wクラスの大光量LEDが市販化され、乗用車のヘッドランプにまで採用されるに至っている。

▷ 青色LEDと白色LEDの登場

青色発光ダイオードの登場は、発光ダイオードの応用面で革命的なものとなった。まず、光の三原色が整い、全ての色を発光ダイオードで表現できるようになった。大型商業ディスプレーには3色LEDを埋め込んで高輝度の表示ディスプレーが作られている。また、青色発光ダイオードのみで白色発光を代用する技術が開発され、コンパクトさと安価な白色LEDを望む用途には、青色LEDを母体として1個で作られている。

白色といえば3原色から作るのが液晶ディスプレーなどで一般的となっているため、赤色、緑色、青色の3つの発光ダイオードを用いて白色を作っていると考えがちである（実際一つのパッケージに3つのダイオードを内蔵したものがあった）。しかし、現在の白色発光ダイオードは、青色ダイオードの発光面に黄色の蛍光剤を塗布して、青色と青色光の励起による黄色発光の混合による白色としている。白色LEDの発光素子面を見ると黄色である。白色LEDの発光特性は右図のようになっている。自然光の発光分布と比べると緑領域の発光が落ち込み青色が強く出て赤色部が弱い。従って、色見本を見る照明器具とか絵画を鑑賞する照明には向かず、三原色を揃えた3色LEDの光源が有用となる。

代表的な白色LEDの発光波長特性

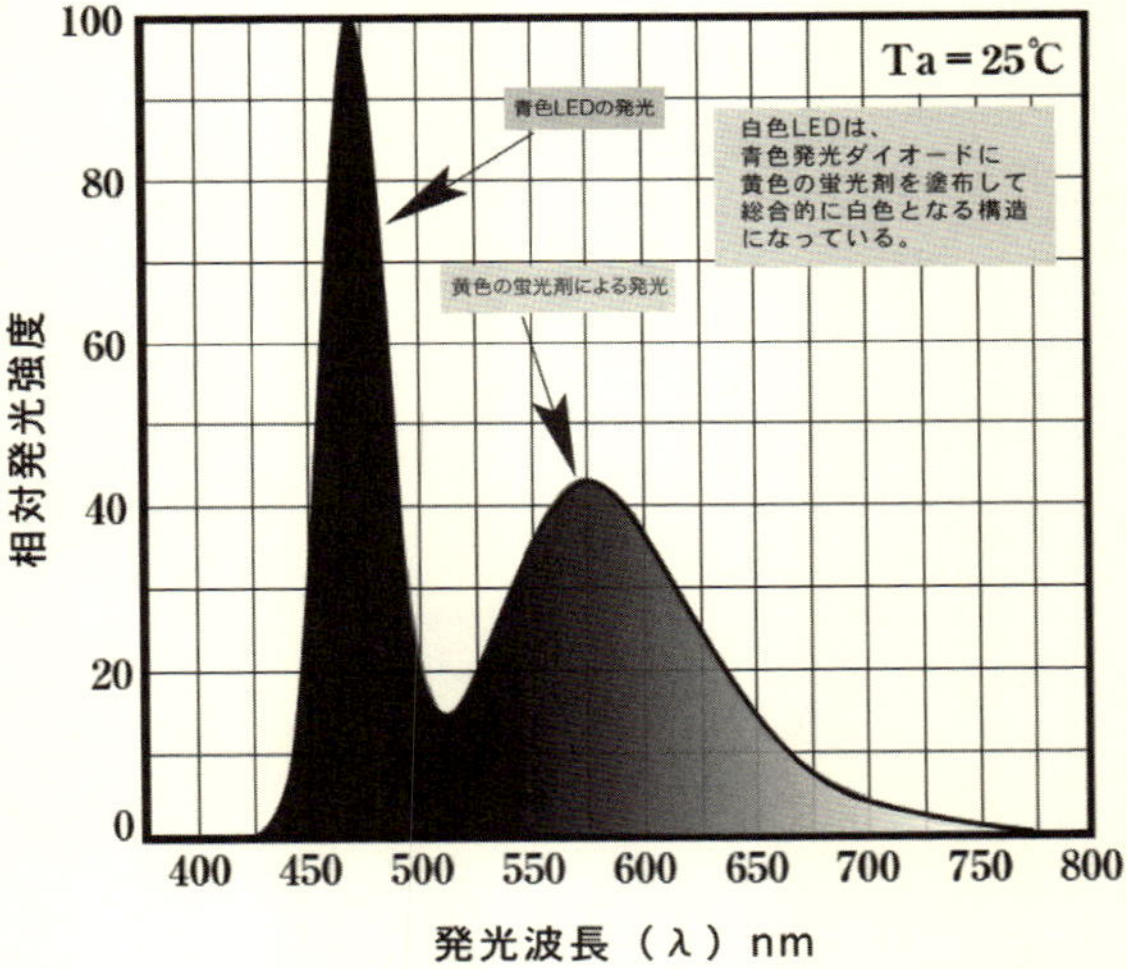

付録

最後の頁S-1からお読みください。